过程管理方法

敖景 主编

中国标准出版社
北京

图书在版编目(CIP)数据

过程管理方法/敖景主编.—北京:中国标准出版社,2011
ISBN 978-7-5066-6268-0 (2011.12 重印)

Ⅰ.①过… Ⅱ.①敖… Ⅲ.①企业管理—方法 Ⅳ.①F270

中国版本图书馆 CIP 数据核字(2011)第 030027 号

中国标准出版社出版发行
北京复兴门外三里河北街 16 号
邮政编码:100045
网址 www.spc.net.cn
电话:68523946 68517548
中国标准出版社秦皇岛印刷厂印刷
各地新华书店经销

*

开本 880×1230 1/32 印张 9.75 插页 1 字数 232 千字
2011 年 4 月第一版 2011 年 12 月第三次印刷

*

定价 **35.00** 元

如有印装差错 由本社发行中心调换
版权专有 侵权必究
举报电话:(010)68533533

本书编委会

主编　敖　景

编委　张雨翔

刘　炜

黄敬亮

吴大勇

杨　琪

顾惠珍

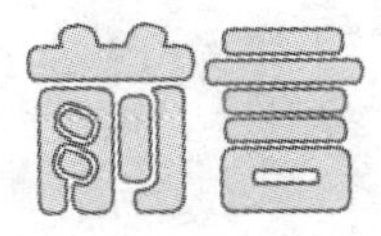

前言

很多企业面临困境的时候很容易就会想到流程优化。可是,要动真格了,这是摸着石头过河的事,是否取得成功有谁敢说胸有成竹,有谁握有必胜的法宝呢？显然,要面对很大的风险。不过,山穷水尽就有一句话颇有力量:“改还有希望,不改则死”。于是过程优化就成了热门的话题。

不过,对流程优化跃跃欲试的企业只钟情于成功的一面,殊不知不成功的例子比成功的多得多。不是没有决心,不是没有专家,而是每次的实践都不一样,每次都摸着石头过河,而真正的主角不是专家而是企业自己,专家能有三成的帮助已经了不起了。那么,能否有一种方法完全由企业自己去主导过程优化呢？笔者一直在探索这种方法,本书向大家呈现的就是它的研究成果。

本书用 10 章介绍这种方法。

第一章——介绍过程的基本概念。本

章值得关注的内容是，过程策划的基本顺序、过程的风险分析、控制计划。这里的风险分析在失效模式和后果分析(FMEA)原理的基础上有所创新，定义了有效性和效率风险的评分标准，通过打分确定过程的关键活动，为后面的优化和控制奠定了基础。

第二章——介绍管理模式。制定实现战略的管理模式是组织最高管理层需要解决的问题。因为管理模式是体系的基础，策划和优化这个基础是过程优化的首要任务。这章中笔者将过程分成顾客导向过程、支持过程和管理过程三类，并识别和确定他们之间的相互关联，这为后面体系的展开和过程接口奠定基础。

第三章——介绍过程的基本要素。这是全书的核心。过程的基本要素用一个形象的图形去表达——金龟图。这里的主要贡献是对过程基本要素按一些原则进行分类和编号，提出了"最小单元活动"的概念，并通过应用软件对这些活动进行统计，让问题自然暴露，引导改革者作出过程优化的决策。

第四章——介绍过程的接口。过程接口涉及体系问题，需要通过体系去识别过程的目标、输入和输出。不过，解决过程接口是过程优化的一个难点，这章提供了一些有效方法，包括有创新性的软件方法。过程接口问题解决了同时也为企业实施 ERP 以及信息安全管理奠定了良好的基础。

第五章——介绍过程业绩。这里的观点是，业绩考核要面向过程,将目标放在过程上。过程跨部门的时候,面向过程的业绩考核才能解决部门间的协作问题,通过这种方法进行业绩优化。除了过程目标外,还将其他的衡量准则明确到输出上,构成真正的业绩评价基础。

第六章——介绍过程的简化。这章是第五章的延续,提出了"控制四个层次"这一观点,认为"结果控制"重于"过程控制",也就是过程准则的控制是关键。以结果为导向的管理会使复杂的过程变得简单。

第七章——介绍职责的优化。这里的观点是"以过程为中心"替代"以职能为中心",即由过程决定职责和职权。该章的亮点是将过程活动对应职责,通过软件分析每一岗位的活动量,从而导致活动的再分配,达到职责优化的目的。这章也提供了组织设计的一些参考数值。

第八章——介绍系统优化。这章提出了一个观点,根据制约理论从过程能力的角度上对系统进行优化。本章有两个亮点:一是将过程分解到"过程最小单元",包括单元的合理的活动数量,系统就是由这些单元组成的,并给出了系统规模的估计公式,以此表述系统的复杂程度;二是通过过程能力的计算优化过程资源。

第九章——介绍审核的过程方法。"面向部门的审核"与"面向过程的审核"会导致两种不同的审核方式和思路,后者就是审核的过程方法。与传统的审核方法不同,审核的过程方法主要是针对过程有效性的,其观点是发现过程缺陷,并通过解决缺陷去改善过程。

第十章——介绍管理评审的过程方法。管理评审也是过程改善的机会，本章介绍管理评审的过程方法，其观点是评审应针对过程进行检讨，评价过程是否满足战略的需要，找出差距，进行改善。

归纳起来有以下一些特色：

1）一种方法论，简单、易于操作，适用于任何类型的组织和不同层次的人员；

2）提炼了一些过程优化的原则，以加强操作性；

3）能在短时间内见效明显；

4）能吸引参与人员的兴趣，容易获得一种满足感；

5）应用了简单实用的专门软件；

6）方便与 ERP 接口；

7）方便与信息安全管理体系接口；

8）方便与人力资源管理、绩效考核、6σ 接口。

要打造一流的企业，就是要打造一流的过程。“过程方法”是目前最流行的管理方法，也被实践证明了是流程优化最有效的方法，笔者已经有多年的实践经验。本书已经将过程方法的精髓和盘托出，其应用已在很多企业取得成功，相信本书对正要进行流程优化、完善和提升管理体系的企业有所帮助！为方便读者解答应用问题，如有任何疑问可随时发邮件到 aojingrj@126. com，或访问笔者的微博 http://t. sina. com. cn/ajrj。

参与本书编写的还有张雨翔、刘炜、黄敬亮、吴大勇、杨琪、顾惠珍这几位同事，他们贡献了宝贵的经验，尤其在制约理论方面顾惠珍老师给予了很多宝贵的意见。在此表示感谢！

日京企业管理咨询有限公司总顾问

敖 景

2011 年 1 月

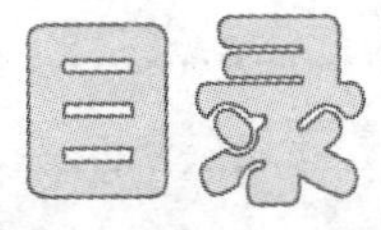

第一章 过程——蝌蚪图

任何事情都是通过过程去完成的，「蝌蚪图」就是反映做事的顺序。然而，策划过程时则遵循着蝌蚪图的逆向顺序——以结果为导向的顺序。这就是我们的工作方法。

一、过　　程

过程，也叫流程，在最权威的国际标准 ISO 9000 中被定义为：

“一组将输入转化为输出的相互关联或相互作用的活动”。

根据定义我们建立了过程的一般模型（见图 1-1），或叫蝌蚪图（见图 1-2）：

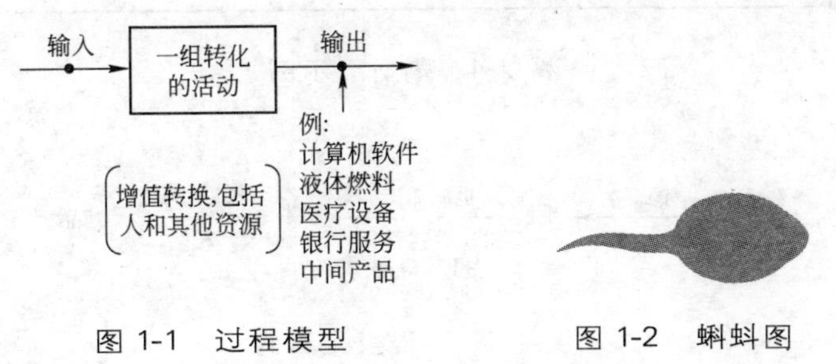

图 1-1　过程模型　　　　图 1-2　蝌蚪图

不管过程复杂还是简单，无非就是三要素：输出、输入和方法（一组活动）。

输入有四种，输出只有两种，见图 1-3：

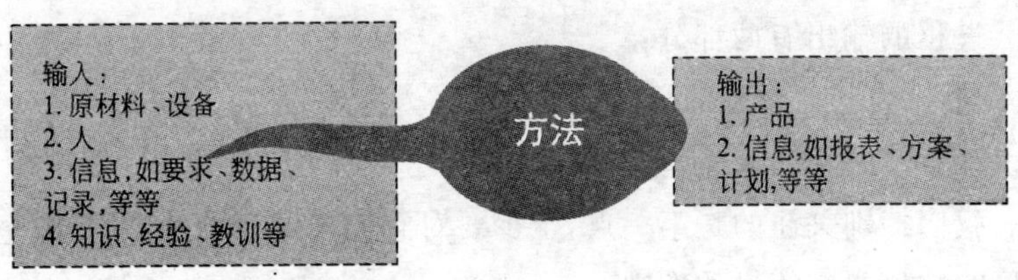

图 1-3　输入和输出

前三种输入是有形的，第四种是无形的，管理主要针对的是有形输入。输入是信息，输出也是信息；输入是材料，输出就是产品。例如图 1-4 和图 1-5：

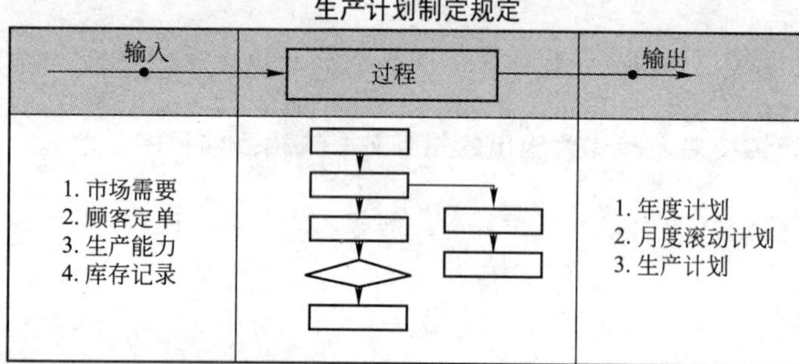

图 1-4　蜊蚪图示例

原材料 —锻、铸 / 剪、锯→ 毛胚 —机械加工 / 锻、铸、热处理、电镀→ 零件 —装配、调试 / 检验→ 产品

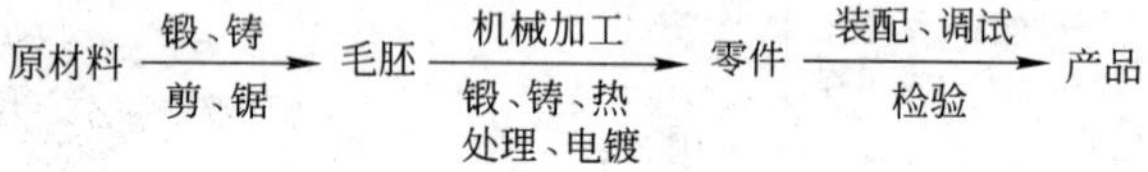

图 1-5　过程模型实例

很多组织喜欢用蝌蚪图去写文件，如图 1-6：

输入和输出不仅发生在过程的开始和结束，还发生在过程的中间，其中会有同步的输入和输出，但是起始的输入和最后的输出尤为重要，见图 1-7。

过程的输出有两部分：

1）成为其他过程的输入；

2）成为过程下一活动的输入。

我们特别关注的是第一点，至少要对它们规定评价的准则，即至少过程的结果要有衡量的准则。

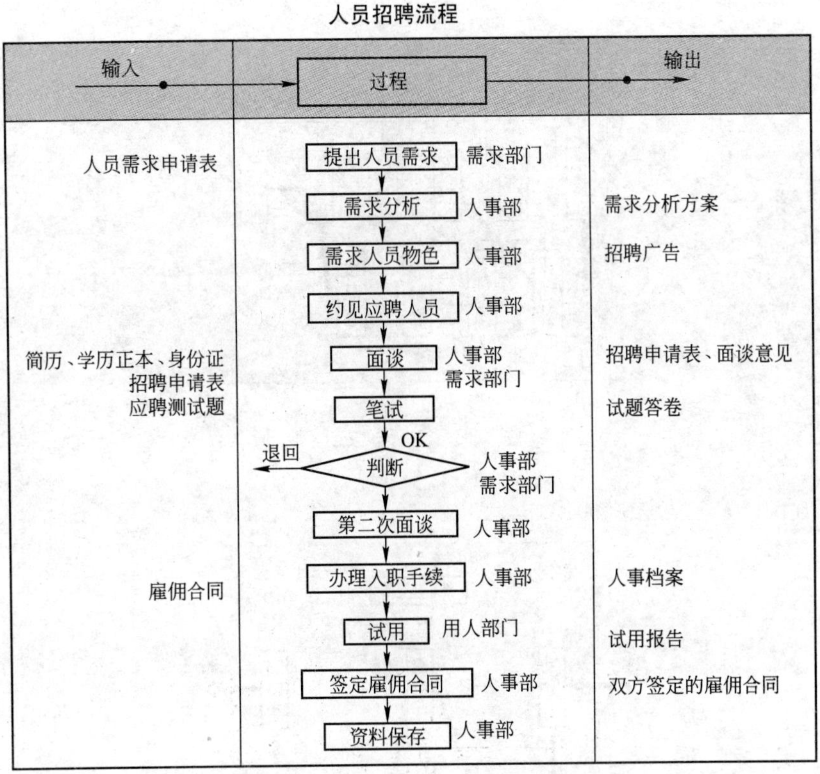

人员招聘流程
输入
过程
输出
人员需求申请表
提出人员需求
需求部门
需求分析
人事部
需求分析方案
需求人员物色
人事部
招聘广告
约见应聘人员
人事部
简历、学历正本、身份证
招聘申请表
应聘测试题
面谈
人事部
需求部门
招聘申请表、面谈意见
笔试
试题答卷
OK
退回
判断
人事部
需求部门
第二次面谈
人事部
雇佣合同
办理入职手续
人事部
人事档案
试用
用人部门
试用报告
签定雇佣合同
人事部
双方签定的雇佣合同
资料保存
人事部

图 1-6　用蝌蚪图编写的文件

输入
输入
输出
输出
输入
输出

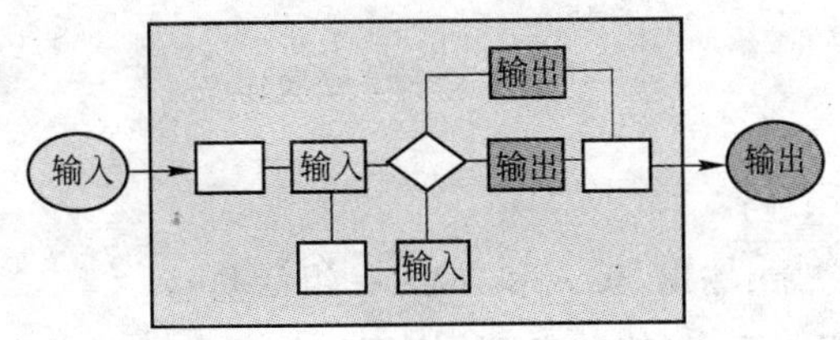

图 1-7　过程的输入和输出

过程跨部门的时候(见图 1-8)一定要有主要的责任部门,跨岗位的时候(见图 1-9)一定要有主要的岗位(责任人)。

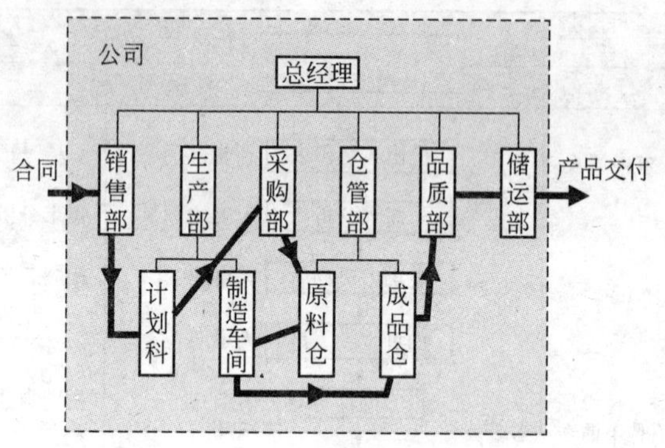

图 1-8　过程与部门

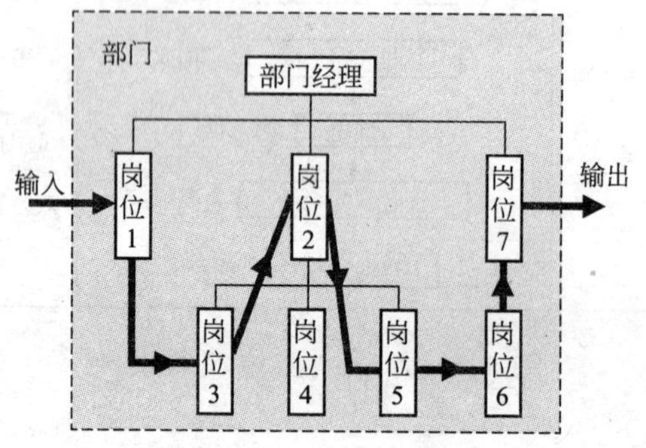

图 1-9　过程与岗位

过程特征：

1）有三要素：输出、输入和方法（一组活动）；

2）有一组人负责，其中有一个主要的负责人（一个人负责是特例）；

3）过程是策划出来的，即人为的而非自然的；

4）单向运动；

5）唯一。

过程优化原则

- 过程多一个岗位就多一次出错的可能，故要简化太多岗位的过程。大过程涉及的岗位最好不超过8个，小过程不超过5个。
- 连贯性的活动能一个人完成的不要两个人，特别是专业的活动一个人完成的效率是最高的。
- 减少中间输入和输出，输入和输出尽量同步，能一次提供的输入不要分两次，能一次完成的输出不要分两次。

二、输入和输出

输入有期望输入和干扰输入，输出有预期输出和伴生输出（或叫非预期输出）。可以把输入或输出的总和看作一个矢量，见图 1-10。矢量图的含义是不管过程有多少输入或输出，它们都不可能百分百得到利用和完全指向目的的。

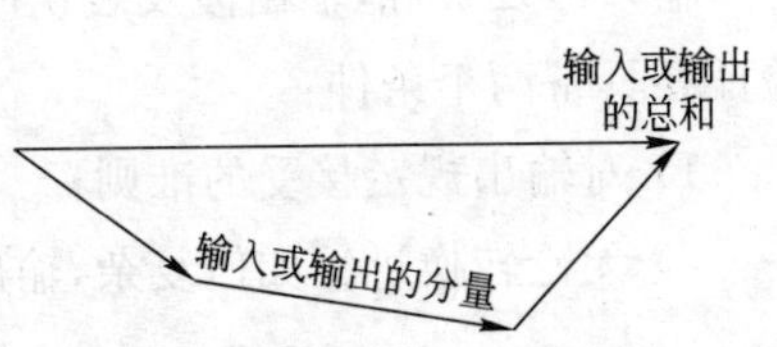

图 1-10　输入或输出矢量图

过程消耗了资源，使输入发生了特性上的变化，成为预期的输出或产品。这时，输入与输出经常是风马牛不相及的。例如：

但过程已经增值了。

名称	输入	输出
电视	信号	画面和声音
奶牛	草和水	牛奶
煮饭	米、水	饭
炼钢	铁矿和焦碳	钢铁
设计	顾客要求、设计规范	设计图纸
采购	物料规格、采购单	购回的物料
培训	学员、教员、教材、教室	掌握技能的学员
吃饭	饭、菜	饱
乘车	A位置	B位置
自来水输送	自来水	自来水(导出关系而非转化关系)
理论	知识、经验、教训、资料	三个代表思想

从以上例子知道:输入无形,输出一定无形;输入有形,输出却不一定有形。

输入与输出在量上并不是相等的,输入只有一个,但可能就有几个输出;同样,输入有几个,输出可能只有一个。从增值上讲,输出的价值必须大于输入,这样过程才算有效,所以就需要对过程的活动和资源进行策划。

输入涉及资源,输出涉及表现形式,且需要得到验证。对输出进行验证要具备两个条件:

1)对输出规定接受的准则;

2)无论转换过程如何复杂,输出应可追溯到输入。

过程优化原则

- 先优化输入和输出的关系,再优化方法。

- 输入与输出不是转化关系而是导出关系(直接得到结果)时就可省去方法。
- 如果输入转化为输出时非常简单、直接,通常可以省略方法。
- 如果输出与输入相似就可以简化方法,或者合并成一张表格。
- 在输入上直接增加内容成为输出,可以简化或取消方法。

三、“过程的输出”与“过程的结果”

“过程的输出”与“过程的结果”的含义是不同的。产品:过程的结果。这是 ISO 9000 对产品的定义,是输出的最后状态。这表示:

1) 不包括伴生输出,如电视机发出的热、烟囱喷出的烟、冲压的边角料等;

2) 是组合的输出,一个相互关联的整体;

3) 是过程各阶段输出的叠加,即每一阶段的输出必凝固了上一阶段的输出;

4) 包含了输出的条件,如时间和地点等。

例如:

显然,产品的特征是交付。然而,过程的输出不一定需要交付的,例如:计划、方案、报表、数据等。这样,我们就得出这样的结论:

购买的产品	直接接受的产品	需要同时接受的其他输出
电视机	电视机	附件、产品说明书、售后服务等
快餐	食品	速度、服务态度、环境清洁等
治疗	身体检查结果、诊断结果、开出的处方	药物、精神安慰等
货运	配送方案、物流、物流信息	及时、安全、准确、经济等

过程的结果一定少于过程的输出，过程的输出包含了过程的结果。

过程是策划出来的，既然如此，就有两种过程不属于这一范畴："自然的过程"和"即时发生的过程"。故此：

- 野猪不是产品，我们养的猪是产品；
- 野果不是产品，我们种的果是产品；
- 自然生产的婴儿不是产品，克隆的婴儿是产品；
- 应急回答顾客的提问不是产品，按规定回答顾客的提问是产品；
- 应对顾客的刁难不是产品，按程序处理顾客的投诉是产品。

"过程的输出"与"过程的结果"的差别见表 1-1。

表 1-1 "过程的输出"与"过程的结果"的差别

序号	过程的输出	过程的结果
1	不一定是产品	产品
2	不一定需要接受者	必须存在接受者
3	包括伴生输出	不包括伴生输出
4	独立的、个别的	一组相互关联的输出
5	各阶段	最后阶段
6	可能发散	一定收敛
7	仅需要输出的形式	不仅需要输出的形式，还包含了输出的条件，如时间和地点等

过程优化原则

- 先优化过程的预期结果,再优化过程输出。
- 关键的输出应有对应的关键活动,先优化关键输出,才能优化与之对应的关键活动。

四、过程策划原理

下图的箭头方向表示做事的顺序:

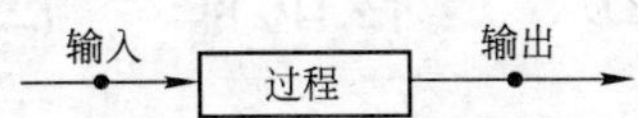

但过程策划的顺序则不然,过程三要素的顺序有 6 种可能。见表 1-2:

表 1-2　过程三要素的 6 种组合

组合情形 \ 重要性顺序	1	2	3
1	输出	输入	方法
2	输出	方法	输入
3	输入	输出	方法
4	输入	方法	输出
5	方法	输出	输入
6	方法	输入	输出

以上6种可能只有前面两种可以选择,其中优先选择的是第一种。原理:

1）先为过程规定预期结果;

2）针对预期结果才能规定具体的输出,包括输出的要求或判断准则;

3）根据输出才能知道需要哪些输入;

4）根据前三项才能最后确定方法。

以上就是过程策划的基本顺序,也是过程优化的顺序。

"预期的结果"可以是策划的也可以是已知的,例如预期的产品或目标。这顺序表明了一个重要的管理原则:**"以预期结果决定资源和方法"**,也就是说,资源和方法都是为预期结果服务的,这一原则也叫**"结果导向原则"**或**"倒推原则"**。如果要过程优化,原则是:**以预期结果优化过程资源和方法**。

五、过程的唯一性

过程是在特定的环境下产生的,这就决定了它的唯一性。唯一性的特征:

1）对应一个处理对象;

2）有一组固有特性;

3）处在特定的环境下;

4）不能被替代。

过程优化原则

- 如果发现过程有相同的特性,或处理相同的对象有不同的过程,那么就应该进行整合。

- 资源是为过程特性服务的，所以先整合过程特性再整合资源；一个资源覆盖过程特性效率是最高的，即资源单一化。
- 提高输出内容的唯一性及其在系统中的直通率，如果一个表格直通到底效率是最高的。
- 如果不同的过程有相同的或相似的输出就可以进行整合，包括过程的整合。
- 在诸多记录、表格中尽量避免有重复填写的栏目。

六、过程稳定性

过程一旦得到规定便处于应用阶段，它必须具有一定的稳定性，否则便失去指导的作用，便无法确保结果的一致性。过程稳定才能成为管理基础，它反映了管理的特征和规律。过程的稳定有两层含义：

1）不管如何变更，过程一直存在——绝对稳定；

2）过程在一定的时间内不会变化——相对稳定。

“过程绝对稳定”便成为管理体系的基本过程，也是管理的基本要素，例如采购过程、培训过程、内部审核过程等，这些常规的过程对于组织被获得信任产生心理的保障作用。

“过程相对稳定”会成为某一阶段管理的基础，它反映了组织当时满足需求的能力，也是适应能力的阶段性反映。

有时，保持过程的稳定性是以灵活性为代价的，为了在总体控制上确保一致性，就宁可暂时放弃在个别场合下的合理化建议。在执行的层面上，我们必须容忍某段时间内的过程缺陷，只有过程稳定才能产生权威，这时保持稳定性比改变它还重要，这对比失控的代价就要少得多。在总体上当大家都在执行文件的时候效率是最高的，或者说，标准化的效率是最高的，体系是确保整体的效率而不是个别的效率。

过程优化原则

- 对于稳定的基本过程宁愿优化而不是取消，除非是过程再造或体系变革。
- 对于新增的过程应有一个试行期，在试行期内不纳入体系范围，这时过程优化可以朝定夕改；过程稳定后要维持一段时间才进行优化。

七、过程特性

过程特性就是过程唯一性的特征，如表 1-3：

表 1-3　过程特性

文件管理过程优化前的特性			
过程名称	一般特性(过程功能)	特别特性	过程要求
文件管理(1)	使文件正确编制	字体方式：字体大小	正文不少于五号字、不大于三号字，其余不受限制
		文件编号方式：字母加自然数	用“P”表示程序，用“W”表示作业指导书，再加自然顺序号
		确认形式：签字	必须使用签字墨水进行签字

续表 1-3

文件管理过程优化前的特性			
过程名称	一般特性(过程功能)	特别特性	过程要求
文件管理(1)	能让使用者及时得到所需的文件	文件登记方式:记录	当天完成登记
		文件发放方式:记录	管理文件在4 h内、技术文件的2 h内发放
	使文件保持最新版本状态	受控的标识:盖受控印章	盖在文件的右上角
		文件更改形式:由原发者更改	发放新版本文件的同时回收失效文件
	能确保文件得到正确使用	保密:分等级	技术文件按“绝密”、“机密”和“公开”三级进行标识
		阅读密码:对敏感的资料规定进入电脑阅读的密码	不同级别的人员有不同的阅读权限
		发放等级:规定文件等级	按《文件分类等级》的规定发放
文件管理过程优化后的特性			
过程名称	一般特性(过程功能)	特别特性	过程要求
文件管理(2)	使文件正确编制	字体方式:字体大小	题目用三号黑体字,正文小四号宋体字
		文件编号:字母加自然数	用部门代号开头再加自然顺序号
		确认形式:电脑加密确认 *	
	能让使用者及时得到所需的文件	文件登记方式:电脑录入和联网 *	
		文件发放方式:电脑发布	
	使文件保持最新版本状态	受控的标识:特别的符号	
		文件更改:集中进行	填写《文件更改申请》,经部门经理批准后统一由资料室进行更改,在发布新版本文件的同时在电脑上注销失效的文件
	能确保文件得到正确使用	由于采用了电脑控制文件,在满足以上特性时同时过程功能也被满足了	

可见，相似的过程不一定具有相似的特性。过程功能可能一样，但满足功能的其他特性可能差别很大。

过程优化原则

- 优化过程特性首先优化过程功能（有时是目的），再优化其他特性，然后再对这些特性提出新的要求。
- 如果合并过程，则首先能够统一过程特性。
- 当过程要求能够直接满足过程功能（或目的）时则不用再考虑方法。

八、过程风险

有一种有效的风险分析工具叫“失效模式和后果分析”，它被称为FMEA(Failure Mode and Effects Analysis)，在工业上已被广泛应用，这里也尝试将它的原理应用于管理过程。

如表1-3所示，对过程特性提出要求的目的是使过程控制有个依据，那么要求的反面就是不符合，即我们所称的“过程失效模式”。不管这些失效模式是否发生我们都假定会发生，然后进行风险分析，并通过降低高风险的活动去优化过程，见表1-4。

表1-4中的严重度、频度以及控制度的打分准则见表1-5、表1-6以及表1-7。

对于过程有效性的平分标准每个组织都会不同，这要根据自己的需要而定。

表 1-5　后果严重度

后果	后果评定准则	严重度
过程完全失效	导致过程目标不能实现，或不能满足法律法规要求	10
	导致指标不能实现，或严重事件（包括严重影响效率，见表 1-9 效率严重度评价准则）	9
过程基本失效	导致不能满足顾客要求，或顾客、组织很不满意	8
	导致不能满足下一过程要求，或下过程、部门很不满意	7
过程局部失效	导致不能满足定量要求，或顾客、组织不满意	6
	导致不能满足定性要求，或不被认同	5
过程维持有困难	导致过程局部失效，或造成麻烦	4
	造成不方便，或影响使用	3
很轻微的失效	影响观感或主观感受	2
无失效	无可辨别的后果	1

表 1-6　失效发生的可能性

失效发生的可能性	可能的失效率	频度
很高：持续性失效	每 1 000 次≥100 次	10
	每 1 000 次 50 次	9
高：经常性失效	每 1 000 次 20 次	8
	每 1 000 次 10 次	7
中等：偶然性失效	每 1 000 次 5 次	6
	每 1 000 次 2 次	5
	每 1 000 次 1 次	4
低：相对很少发生的失效	每 1 000 次 0.5 次	3
	每 1 000 次 0.1 次	2
极低：失效不太可能发生	每 1 000 次≤0.010 次	1

表 1-7 控制度评价准则

控制机会	评定准则	探测度
没有控制机会	现在没有控制手段,不能控制或不能解析	10
活动完成后控制	**无控制标准**	9
活动开始后控制	无控制标准	8
活动开始前控制	无控制标准	7
活动完成后控制	**控制标准不可测量(或标准不明确)**	6
活动开始后控制	控制标准不可测量(或标准不明确)	5
活动开始前控制	控制标准不可测量(或标准不明确)	4
活动完成后控制	**控制标准可测量**	3
活动开始后控制	控制标准可测量	2
活动开始前控制	控制标准可测量,或无须探测,采用了防错措施	1

过程风险分析主要是要考虑两个因素:一个是严重度;另一个是风险序数(*RPN*)值。严重度达到 8 分就是过程的关键活动,如果严重度 9 分或 10 分,则无论 *RPN* 值是多少都要考虑采取优化措施,除非受现时技术水平的限制。要改善严重度只能从过程设计的角度上考虑。如果不能降低严重度,就从表 1-8 中考虑采取优化措施以降低风险。

表 1-8 风险措施计算

<table>
<tr><th>严重度 S
1~10 分</th><th>频度 O
1~10 分</th><th>控制度 D
1~10 分</th></tr>
<tr><td>5 分为中等风险</td><td>5 分为中等风险</td><td>5 分为中等风险</td></tr>
<tr><td colspan="3">RPN 的风险范围[1,1 000]
中等风险为:$RPN=S\times O\times D=5\times 5\times 5=125$,超过这个值要采取优化措施。</td></tr>
<tr><td colspan="3">通常都采取保守原则,S 取 4 分,则:
$$RPN=S\times O\times D=4\times 5\times 5=100$$
这时超过这个值要采取优化措施。</td></tr>
</table>

续表 1-8

<table>
<tr><th>严重度 S
1～10 分</th><th>频度 O
1～10 分</th><th>控制度 D
1～10 分</th></tr>
<tr><td colspan="3">如果严重度 8 分以上，保守原则扩展到 O，也取 4 分，则：
$$RPN=S\times O\times D=4\times 4\times 5=80$$
超过这个值要采取优化措施。

如果严重度 10 分，保守原则扩展到 D，也取 4 分，则：
$$RPN=S\times O\times D=4\times 4\times 4=64$$
超过这个值要采取优化措施。</td></tr>
</table>

采取措施后要经过验证，若可行，则要重新打分直到可接受为止。

除了过程有效性风险分析外，还可以进行过程效率风险分析，这时严重度可参照表 1-9 打分。频度和控制度的打分标准与表 1-6、表 1-7 一样。

表 1-9 后果严重度

后果	后果评定准则	严重度
过程有重复	过程中的有多余活动	10
无警告的停线	无警告的导致整个系统停止运作	9
有警告的停线	有警告的导致整个系统停止运作	8
很高	导致下过程停止	7
中等	导致下过程超出预期等待时间过长，严重影响作业连续性	6
低	导致下过程超出预期等待时间，影响作业连续性	5
很低	导致下过程超出预期等待时间，但不影响作业连续性	4
轻微	过程间歇性停顿，影响作业连续性	3
很轻微	过程间歇性停顿，但不影响作业的连续性	2
无	无可辨别的后果。	1

通常过程 FMEA 完成后会发现过程存在很多缺陷，这时就是过程优化的时机了。严格地讲，只要 RPN 值存在，就意味着有优化的可能。

如果想将过程控制细化并置于监视之下，可以在 PFMEA 的基础上制定“控制计划”，见表 1-10，这时 PFMEA 与控制计划要保持一致。

表 1-10 控制计划

过程名称	设施	过程特性	特性分类	准则	控制措施	控制记录	反应措施
文件控制过程	电脑 复印机 印章	字体方式：字体大小		正文不少于五号字、不大于三号字，其余不受限制	文件发布前100%检查	—	发现问题即时退回修正
		文件编号方式：字母加自然数		用“P”表示程序，用“W”表示作业指导书，再加自然顺序号			
		确认形式：签字		必须使用签字墨水进行签字			
		文件登记方式：记录		当天完成登记	下班前检查是否还有未登记的文件	—	
		文件发放方式：记录	▼	管理文件4 h内、技术文件2 h内发放	每季度检讨一次	会议记录	
		受控的标识：受控印章	▼	盖受控印章，盖在文件的右上角	文件发布前确认	文件发放记录	
		文件更改形式：由原发者进行	▼	发放新版本文件的同时回收失效文件	内部审核	审核记录	
		保密：分等级	▼	技术文件按“绝密”、“机密”和“公开”三级进行标识	文件制定者自查 文件发放者检查	文件登记记录	补回缺失或修正错误标识
		阅读密码：对敏感的资料规定进入电脑阅读的密码		每一级别的人员按规定的密码进入阅读区域	定期检查权限分配	后台监视日志	原来的权限表即时作废，2 h内修改权限表，重新发布执行
		发放等级：规定文件权限		根据《文件分类等级》的规定发放	文件分类定期确认	—	—

第二章 过程识别——章鱼图

战略应以顾客为导向，要建立一个管理模式为战略服务，策划或优化这个模式就成为体系建设的基础，「章鱼图」可以很形象地表达这种模式，是将理念向操作转化的一种方法。

一、过 程 方 法

过程方法，又叫过程管理方法，或称流程式管理。自从福特公司采用了世界上第一条生产流水线后，生产效率倍增，被列为工业革命的创举。流水线讲究两点：一是各工位平衡，其次是同步。流程式管理就是从这里得到启发的。直到 2000 年流程式管理才被写入 ISO 9000 国际标准中，被命名为“过程方法”，是企业管理的一项基本原则。它对“过程方法”的表述是：

“将活动和相关资源作为过程进行管理，可以更高地得到期望的结果。”

这个表述套在生产流水线就相当于“将各工位的活动和材料放在流水线上进行管理，可以更高地得到生产效率”。事实就是这样的！

二、体 系 模 式

体系定义：相互关联或相互作用的一组要素。如图 2-1。

图 2-1 叫质量管理体系的“八卦图”，或叫“章鱼图”，是 ISO 9000 标准的管理模式，很多人都已经非常熟悉。其意思是组织在策划质量管理体系时首先应用并策划这个管理模式，使体系有一个基本的框架。

图 2-2 是图 2-1 的解释，表示“自主开发的产品”和“顾客要求的产品”所走的路线是不同的。前者的目的是增强顾客满意而非顾客满意，是靠准确识别顾客的潜在需求而不是依赖顾客提出要求，是引导市场而非跟着市场。

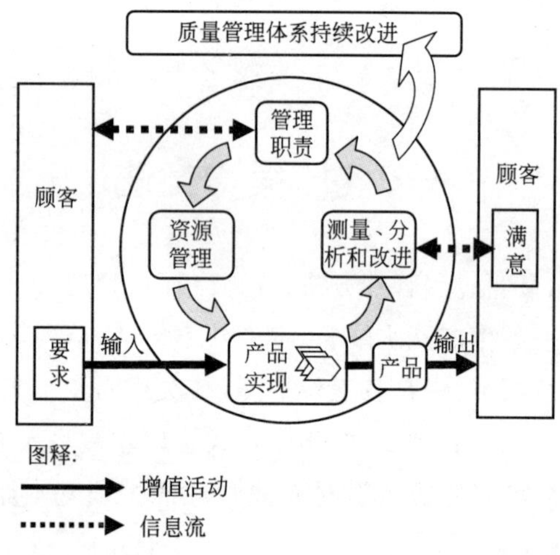

图 2-1 以过程为基础的质量管理体系模式

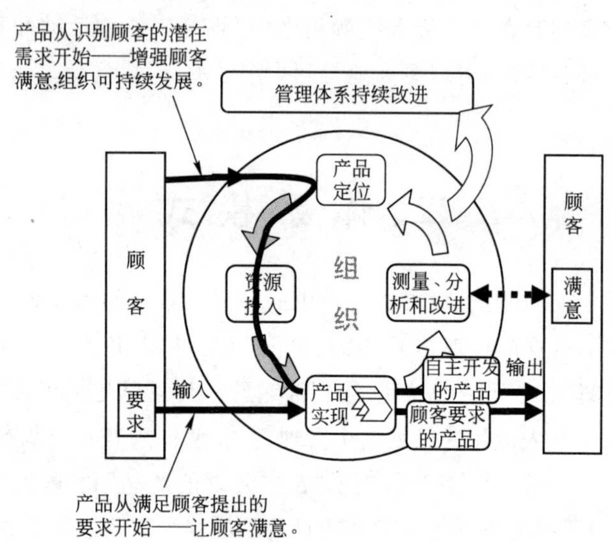

图 2-2 以过程为基础的质量管理体系模式

以过程为基础的管理的含义是，无论产品的起点是“顾客的潜在需求”还是“顾客的要求”，对组织而言归根到底都要由过程去实现的，都要转化为过程要求，见图 2-3：

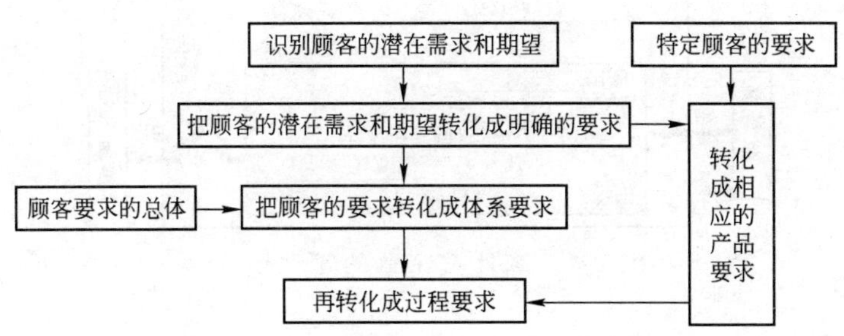

图 2-3　将需求或要求转化为过程要求

例如：

序号	需求或期望 →	明确要求 →	产品要求 →	过程要求
1	转轴高速时能提高耐用度	增加转轴硬度	将硬度增加到55HR	淬火温度
2	噪音低些就能更好地睡眠	降低空调的噪音	将 36 dB 改为 34 dB	加工和装配要求
3	购物方便	自选商场	品种超过10 000种，商场面积不少于5 000 m^2	商品摆设和服务要求
4	感冒无需看病取药煎药	将药方制成冲剂	粒状，每小袋10 g	包装规范

作为组织也应该策划具有自己特色的管理模式，这个模式应符合战略发展的需要，然后再谈流程，因为所有的流程都是为战略服务的。例如，图 2-4、图 2-5、图 2-6、图 2-7、图 2-8 和图 2-9。其中图 2-6 是美国国家质量奖模式。

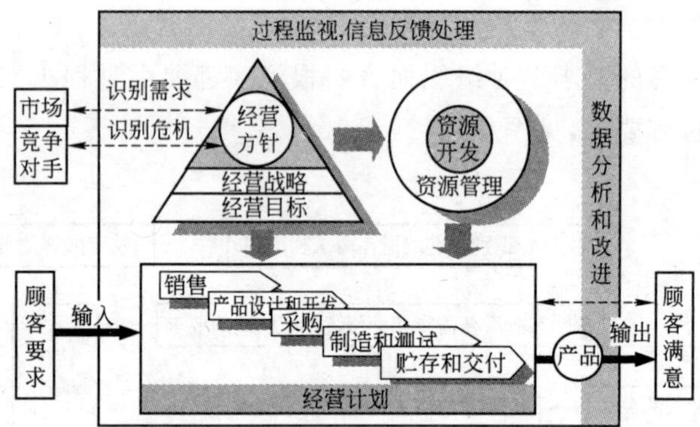

图 2-4　某外资企业的管理模式

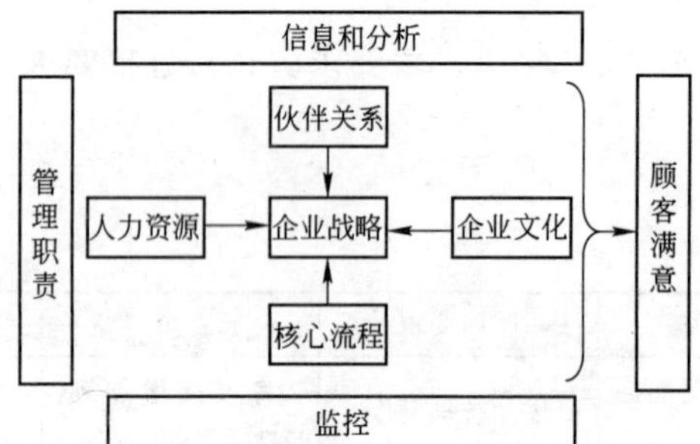

图 2-5　某外资企业的管理模式

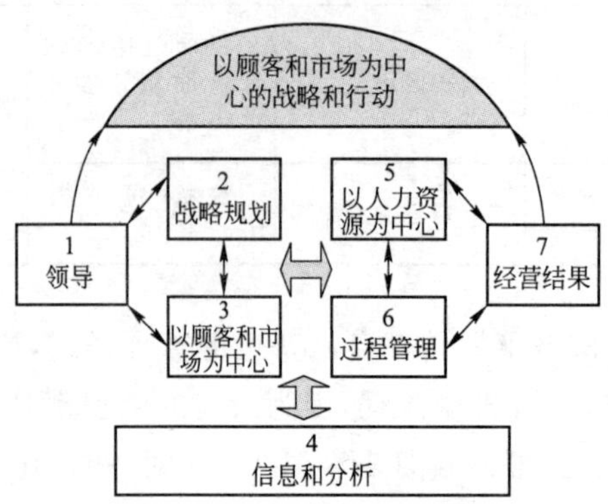

图 2-6　美国国家质量奖模式

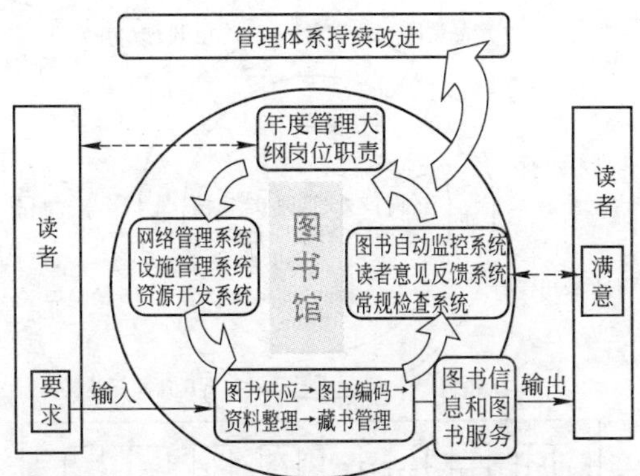

图 2-7　某图书馆的管理体系模式

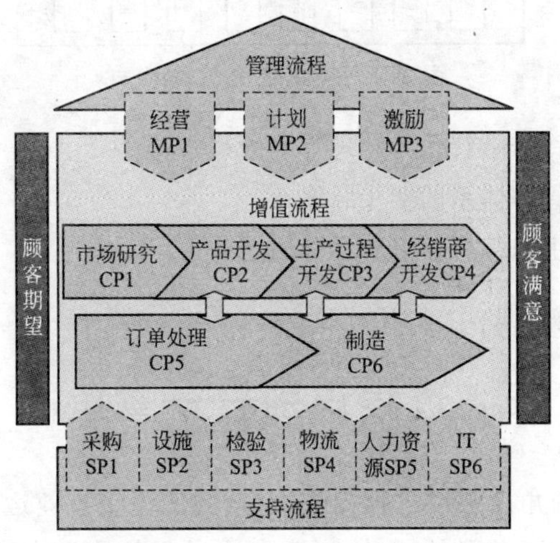

图 2-8　某企业管理体系框图

这时“管理的基本模式”也可以认为是组织的“经营模式”，它可以表示：

1）一种理念向操作形式的转化；

2）一种战略实现的基本框架；

3）一种原始的、概括性的想法；

4）一种尚待扩展成细节的原始概念；

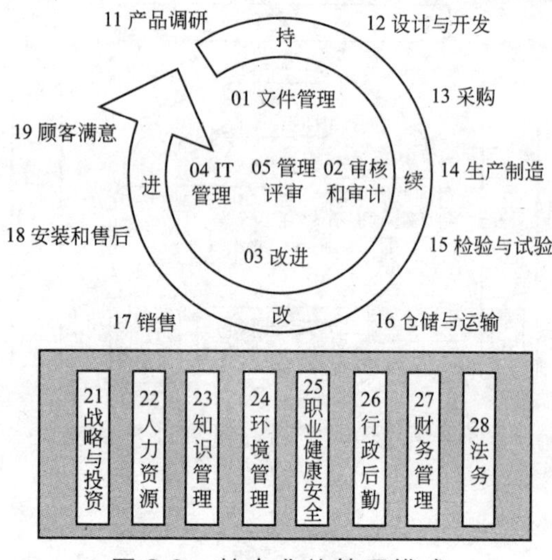

图 2-9　某企业的管理模式

5）一种将需求转化为管理答案的策略；

6）一种管理体系的初步脉络；

7）一个组织综合理解和经验的定型化。

三、过程识别——章鱼图

从体系的角度上讲过程方法认为：要使组织有效运作，必须识别和管理众多相互关联的活动，通常一个过程的输出直接成为下一过程的输入。组织内诸过程的系统的应用，连同这些过程的识别和相互作用及其管理，可称之为"过程方法"。所以，确定管理模式后，接着：

1）识别和确定管理模式所需的过程；

2）确定这些过程的顺序和相互关联。

例如将图 2-1 展开后得图 2-10，或图 2-11。

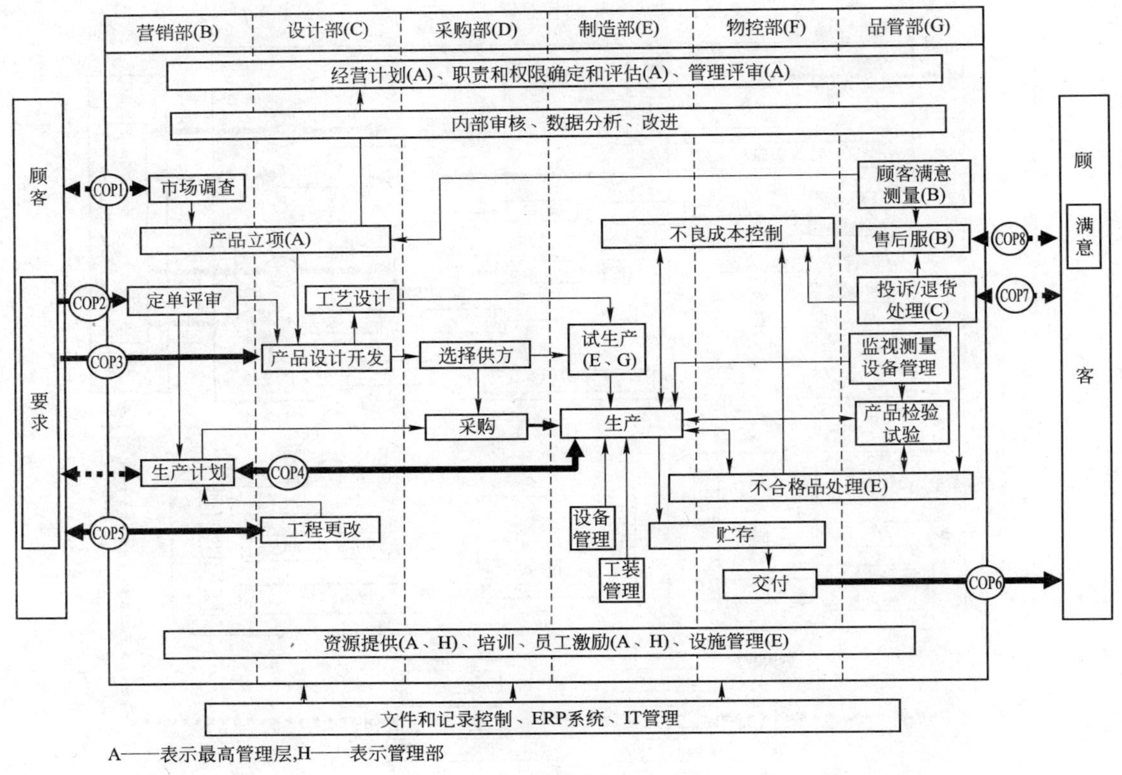

图 2-10　管理体系模式展开

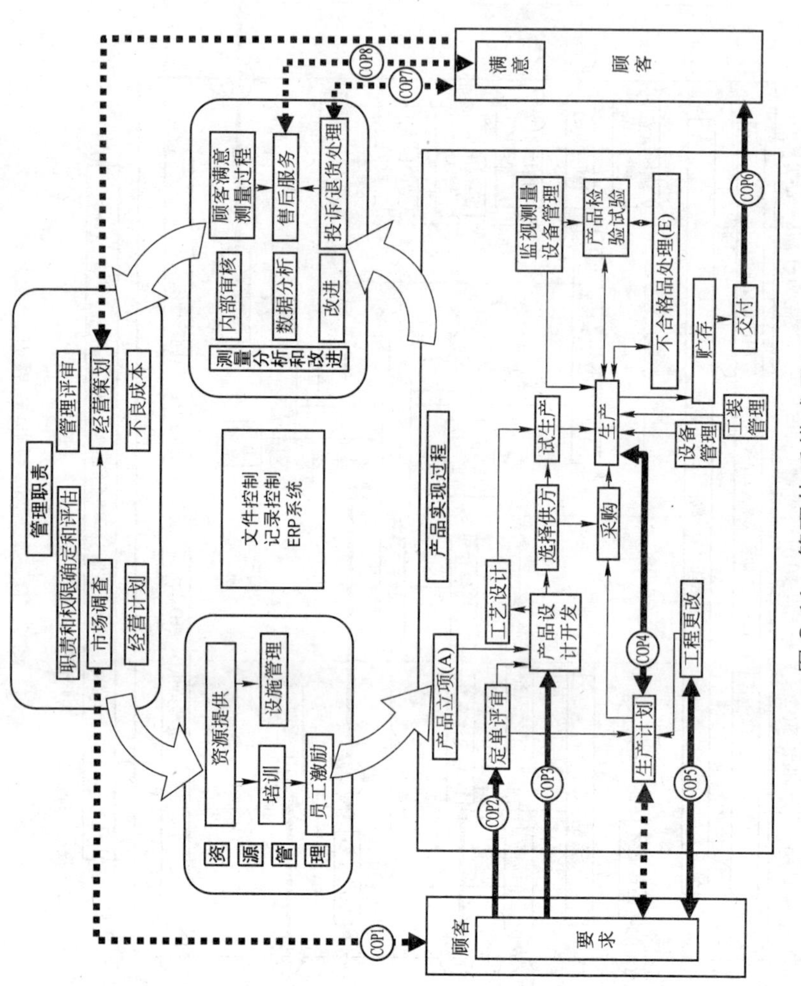

图 2-11 管理体系模式展开

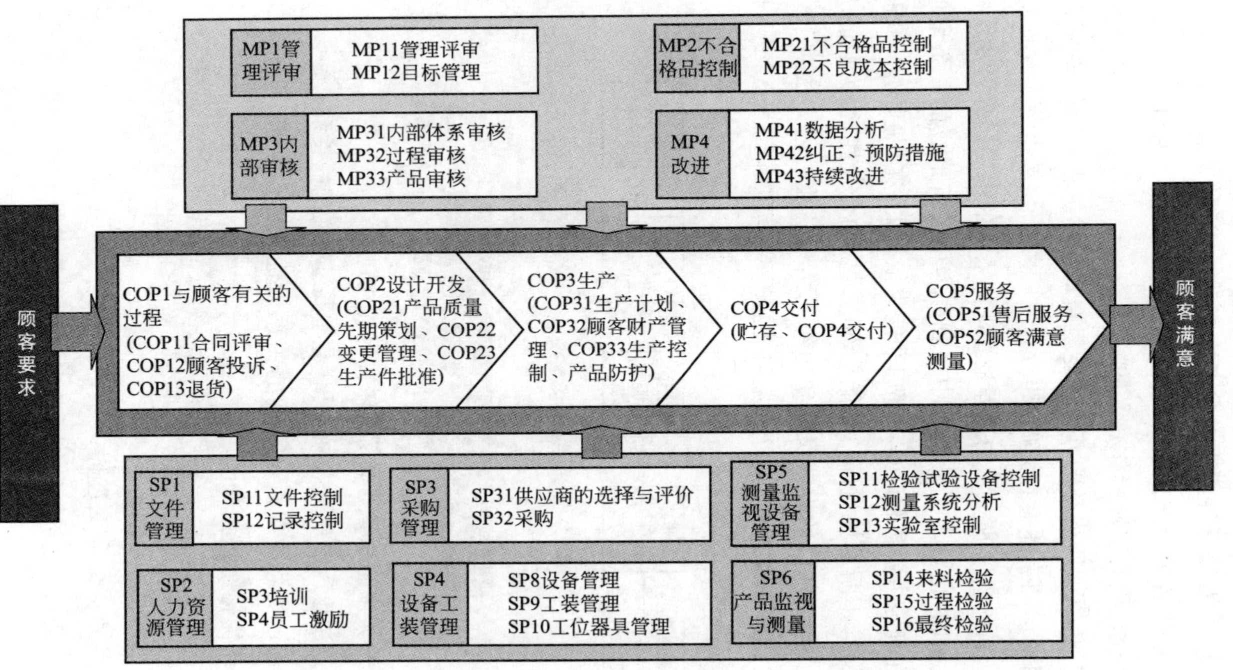

图 2-12 过程包的体系模式

也有组织采用“过程包”的方式表达体系模式的，如图 2-12。所谓“过程包”就是命名一个虚拟过程去代表一组过程，而实际上所命名的这个虚拟过程是没有实际操作意义的。

无论如何，以上所列举的方式只能粗略地表述过程之间的关系，它们相互作用的详细表述会在第四章介绍。

图 2-10 和图 2-11 所显示的过程是管理体系中的主要过程以及这些过程的相互关联，也显示了从顾客中来到顾客中去所形成的一条增值链。其实，在确定主要过程时是以部门职能为依据的，在识别图 2-10 时需经多次反复，不断地检讨部门职能与部门设置的合理性，因为职能决定部门的设置，而部门的设置又决定组织的结构。故过程方法对于组织结构的确定遵循着这样的顺序（见图 2-13）：

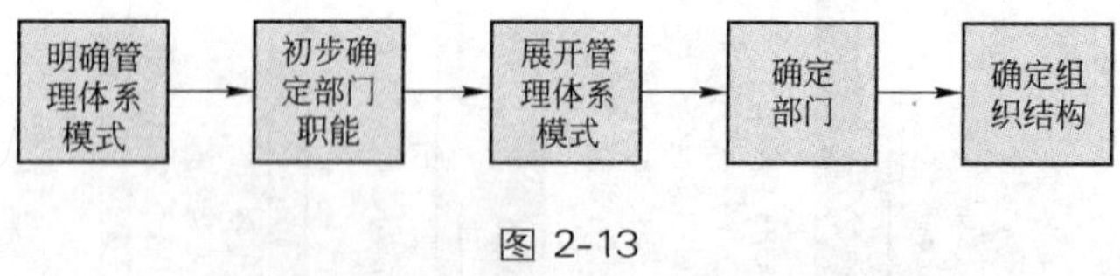

图 2-13

过程优化原则

- 先优化组织管理体系模式，再优化过程。
- 通过管理体系模式的展开优化主要过程之间的关系。
- 通过优化主要过程之间的关系去优化部门职能，从而优化组织结构。

以下是章鱼图的演变过程：

图 2-1 展开后，发生在左右两条实线和两条虚线的过程叫“顾客导向过程”或叫“核心流程”，见图 2-14，写成图 2-15。这些过程都与顾客

发生输入输出的关系，见图 2-16，最后写成图 2-17。

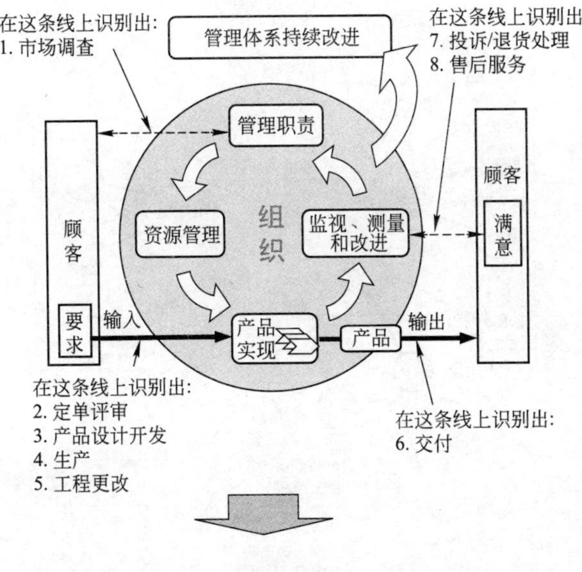

图 2-14

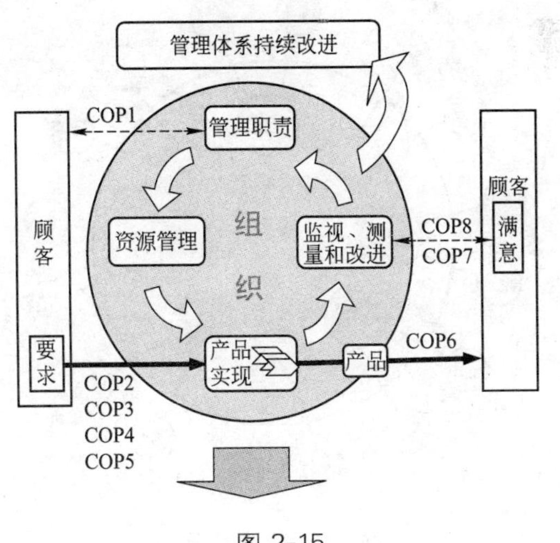

图 2-15

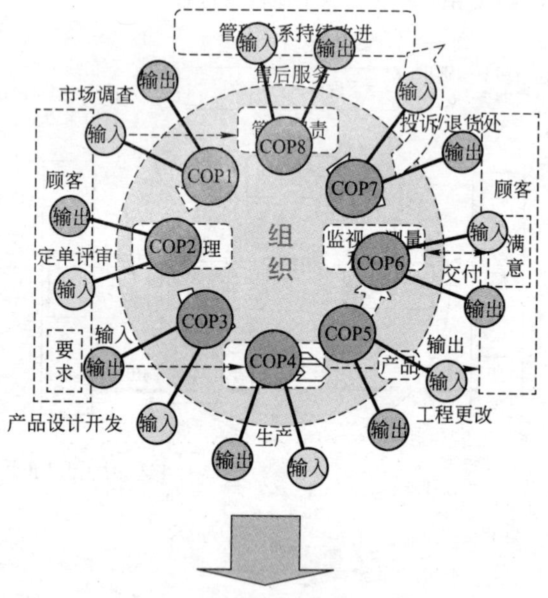

图 2-16

图 2-17　章鱼图

COP
顾客
营销部(B)
设计部(C)
采购部(D)
制造部(E)
品管部(G)
物控部(F)
COP1 市场调查
调查问卷
潜在需求分析,产品定位(A)
潜在需求
经营策划
新产品立项(A)
COP2 定单评审
新产品要求
定单评审
常规定单
定单评审
交付承诺
COP3 产品设计和开发
潜在需求
产品设计和开发
工艺制定
选择新供方
试生产
样件批准
量产准备
产品检验和试验
COP4 生产
生产计划
采购
顾客要求
生产
信息反馈
生产进度跟进
工装管理
设备管理
物流和贮存
COP5 工程更改
工程更改通知
评审
资料更改
产品更改
顾客批准
COP6 交付
交付包装要求
产品
交付
COP7 投诉/退货处理
投诉
评审
原因分析
退货
技术分析
实验分析
措施结果
纠正措施和预防措施
返工品验证
返工后合格产品
COP8 售后服务
顾客满意调查问卷
顾客满意调查
改进
售后服务验证意见
售后服务

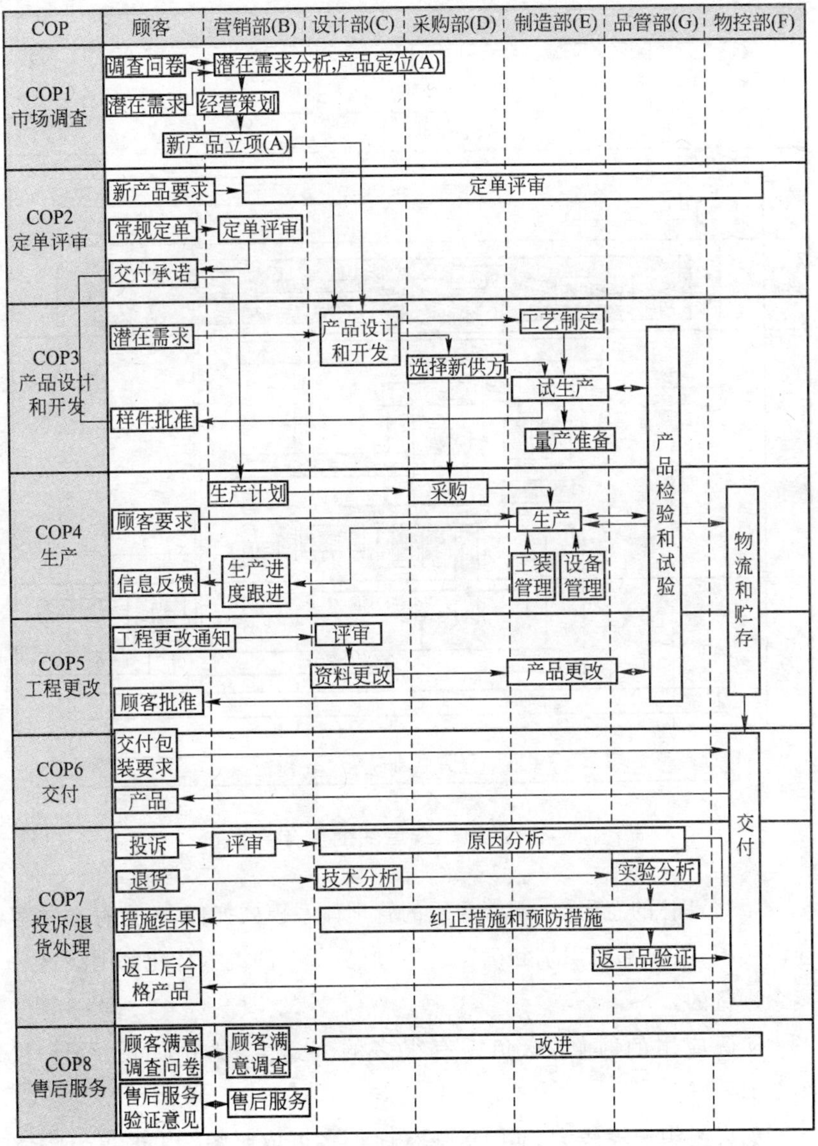

图 2-18 章鱼图的应用

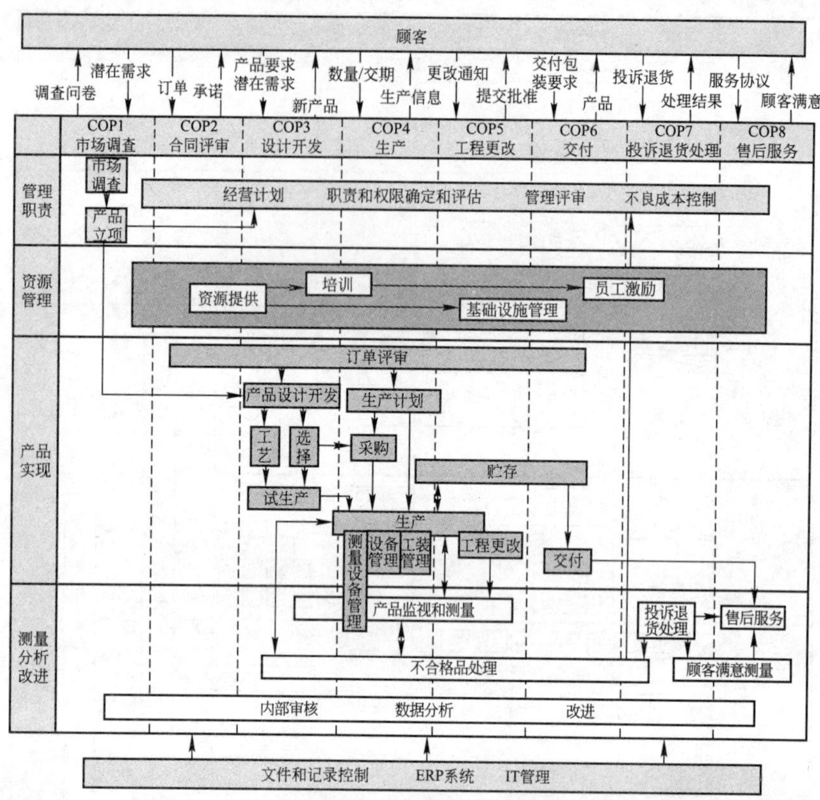

图 2-19　章鱼图的应用

“章鱼图”的意思是，不管组织的管理体系模式如何，一定存在顾客导向过程，组织都应识别和确定这些过程，所有的流程优化都围绕这一概念进行的。

实际应用的时候，章鱼图有很多的表达方式，例如图 2-18 和图 2-19：

如果组织规模较大、部门运作程序较多可依照图 2-1 的思想将体系模式扩展到部门，下个部门是顾客，例如图 2-20、图 2-21：

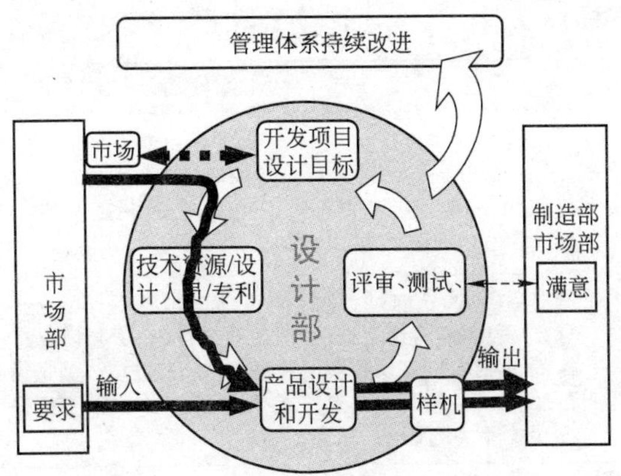

图 2-20　设计部的管理体系模式

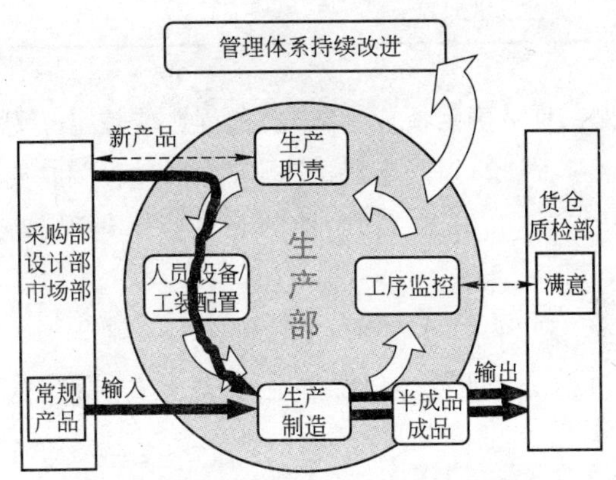

图 2-21　生产部的管理体系模式

四、过程分类

在图 2-10 中除了顾客导向过程外，还能识别“支持过程”和“管理过程”。见表 2-1：

表 2-1 过程分类

分类	说 明
顾客导向过程（COP）	与顾客直接发生输入输出关系的过程（简称“SOP”——Customer Oriented Processes 的缩写）。例如，市场调查过程、产品设计和开发过程、定单评审过程、生产过程、工程变更、交付过程、售后服务过程、投诉和退货处理过程
支持过程（SP）	支持“顾客导向过程”的过程（简称“SP”—Support Processes 的缩写）。例如，经营计划过程、产品立项过程、工艺设计过程、供方选择过程、采购、试生产、设备管理过程、工装管理过程、测量设备管理过程、贮存过程、产品检验和试验、文件和记录控制过程、资源提供过程、培训过程、设施管理过程
管理过程（MP）	在组织层面上的非业务范畴的过程（简称“MP”—Management Processes 的缩写）。例如，职责和权限确定和评估过程、管理评审过程、不良成本控制过程、激励过程、内部审核过程、不合格品处理、数据分析、改进过程

这些过程一旦被确定便成为“常规过程”，并被定义为一级过程，且通常都有二级过程（子过程）支持。“顾客导向过程”和“支持过程”可以统称为“业务过程”，其中支持过程有大量的技术过程、工艺过程，它们是在基层中使用的。

“管理过程”和“业务过程”有如下的关系：

1）管理过程是从业务过程中衍生的，故业务过程一定比管理过程多，频次高；

2）业务过程具有产品和行业的特色，而管理过程则是具有通用性的特色，组织业务规模越大，管理就越复杂，业务过程就要倚赖管理过程。业务过程反映出来的共性的活动就是向管理过程发展的。

不过，管理也经常发生“一次性过程”，那么，针对一次性过程的策划便经常发生。“一次性过程”是指第一次遇到的、无章可循的过程，以后可能不再重复，所以也叫“临时过程”、“非常规过程”。这些过程控制的难度较大，需要以经验作为基础。组织初期或开拓新业务时一次性过程是比较多的；管理人员的职位越高，一次性过程就越多。一次性过程被强化后便成为项目管理。

“常规过程”与“一次性过程”有如下的关系：

1）常规过程是基础管理，一次性过程是变化管理。常规过程覆盖不到的地方就需要有一次性过程去处理，就需要进行策划，故策划就成为管理的一个重要组成部分；

2）在它们两者中如果常规过程占的比例越大，就说明管理越成熟，七三比例是成熟的标志。如果一次性过程有重复便会形成常规过程。

章鱼图所显示的顾客导向过程因为是组织的核心过程，所以不会很多，但是非核心的顾客导向过程可能还有不少，建议采用与图 2-18 相似的形式表达，例如图 2-22：

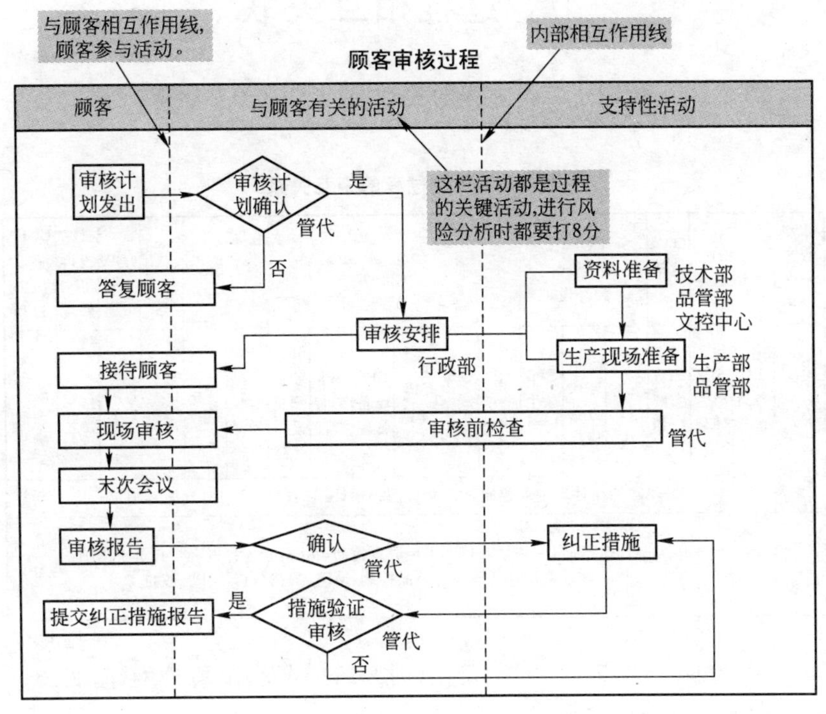

图 2-22

过程优化原则

- 首先优化顾客导向过程，再优化支持性过程，最后是管理过程。资源的配备和优化也遵循这一顺序。
- 对于顾客导向过程，先优化与顾客相互作用的活动，再优化内部的支持性活动。

五、过程相互关联

图 2-10 已说明了三类过程的关系，或者用表 2-2 表示：

表 2-2　三类过程的相互关系

<table>
<tr><td>COP 顾客导向过程</td><td colspan="2">COP1 市场调查</td><td>COP2 定单评审</td><td colspan="3">COP3 产品设计和开发</td><td colspan="8">COP4 生产</td><td>COP5 工程更改</td><td>COP6 交付</td><td>COP7 投诉/退货处理</td><td>COP8 售后服务过程</td></tr>
<tr><td rowspan="2">SP 支持性过程</td><td>SP1 产品立项</td><td>SP2 经营计划</td><td>SP3 生产计划</td><td>SP4 工艺制定</td><td>SP5 新供方选择</td><td>SP6 试生产</td><td>SP3 生产计划</td><td>SP6 试生产</td><td>SP7 采购</td><td>SP8 设备管理</td><td>SP9 工装管理</td><td>SP10 监视测量设备管理</td><td>SP11 产品监视和测量</td><td>SP12 贮存</td><td>SP3 生产计划</td><td>SP12 贮存</td><td></td><td>SP13 顾客满意测量</td></tr>
<tr><td colspan="18">SP13：文件和记录控制，SP14：资源提供，SP15：培训，SP16：设施管理</td></tr>
<tr><td>MP 管理过程</td><td colspan="18">MP1：职责权限确定和评估，MP2：不良成本控制，MP3：管理评审，MP4：员工激励
MP5：内部审核，MP6：不合格品控制，MP7：数据分析，MP8：改进</td></tr>
</table>

用“齿轮图（图 2-23）”、“火箭图（图 2-24）”或者用“蜘蛛网（图 2-25）”看它们的关系比较形象：

COP8售后服务
SP17:顾客满意测量
COP1市场调查
SP1产品立项
COP7投诉/退货处理
COP2订单评审
SP5:生产计划
MP1经营计划
MP2职责权限确定和评估
MP3不良成本控制
MP4管评评审
MP5员工激励
MP6内部审核
MP7不合格品控制
MP8数据分析
MP9改进
COP3产品设计和开发
SP6:工艺制定
SP7:新供方选择
SP8:试生产
COP6交付
SP16贮存
COP5工程更改
COP4 生产
SP5生产计划、SP9采购、SP10设备管理、SP11工装管理、SP12测量设备管理、SP13产品监视和测量、SP15贮存
SP13:文件和记录控制,SP14:资源提供,SP15:培训,SP16:设施管理
COP8
售后
服务
COP7
投诉/
退货
处理
COP6
交付
COP5
工程
更改
COP4
生产
COP3
产品设
计和
开发
COP2
定单
评审
COP1
市场
调查
生产计划
采购
试生产
工艺设计
产品立项
经营策划
产品定位
需求分析
设施管理
文件控制
顾客满
意测量
贮存
产品监
视测量
设备管理
工装管理
测量设
备管理
供方选择
培训
资源提供
经营计划、职责和权限确定和评估、不良成本控制管理评审、员工激励、内部审核、不合格品控制数据分析、改进

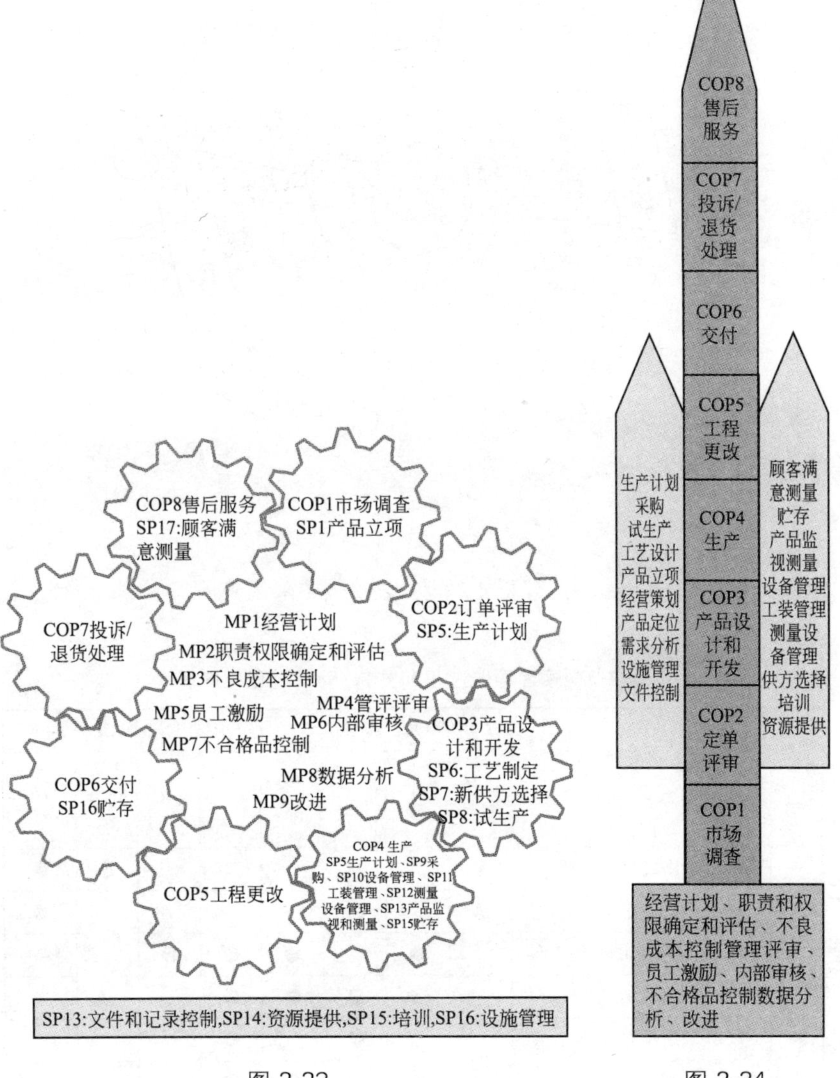

图 2-23

图 2-24

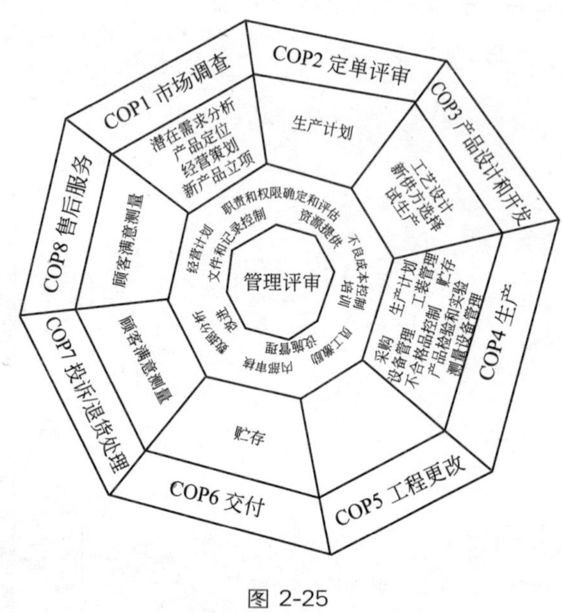

图 2-25

不过，很多组织用“过程矩阵表(表 2-3)”来表达：

表 2-3 顾客导向过程和支持/管理过程矩阵表

顾客导向过程 / 支持和管理过程			COP1 市场调查	COP2 合同评审	COP3 设计开发	COP4 生产	COP5 工程更改	COP6 交付	COP7 投诉和退货	COP8 售后服务
支持过程	SP1	潜在需求分析	●						●	●
	SP2	产品定位	●		●					●
	SP3	生产计划		●		●	●	●		
	SP4	工艺制定			●	●	●			
	SP5	新供方选择			●		●			
	SP6	试生产		●	●	●	●			
	SP7	采购			●	●	●			

续表 2-3

支持和管理过程 \ 顾客导向过程			COP1	COP2	COP3	COP4	COP5	COP6	COP7	COP8
			市场调查	合同评审	设计开发	生产	工程更改	交付	投诉和退货	售后服务
支持过程	SP8	设备管理			●	●				
	SP9	工装管理			●	●	●			
	SP10	监视和测量设备管理			●	●				●
	SP11	产品监视和测量			●	●	●			
	SP12	不合格品控制			●	●	●	●	●	●
	SP13	贮存		●		●		●		
	SP14	不良成本管理				●				
	SP15	顾客满意测量	●						●	●
	SP16	文件和记录控制	●	●	●	●	●	●	●	●
	SP17	资源提供	●	●	●	●	●	●	●	●
	SP18	培训	●	●	●	●	●	●	●	●
	SP19	设施管理	●	●	●	●	●	●	●	●
管理过程	MP1	经营计划	●	●	●	●	●	●	●	●
	MP2	职责和权限确定和评估过程	●	●	●	●	●	●	●	●
	MP3	管理评审	●	●	●	●	●	●	●	●
	MP4	员工激励过程	●	●	●	●	●	●	●	●
	MP5	内部审核	●	●	●	●	●	●	●	●
	MP6	数据分析	●	●	●	●	●	●	●	●
	MP8	改进	●	●	●	●	●	●	●	●

注："●"表示过程之间存在关系。

即图 2-26：

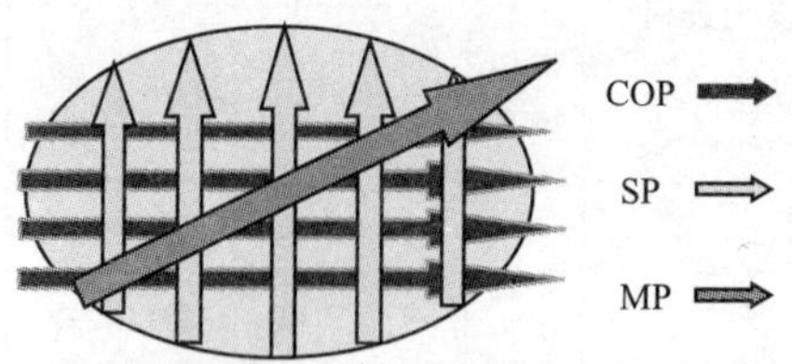

图 2-26　三类过程的关联图

接着将过程分配到关联部门处，称为“过程职能分配”，这是过程方法的一个重要环节。如表 2-4。

表 2-4　过程职能分配表

体系过程＼部门		管理层	管代	销售部	设计部			采购部	制造部			品管部		物控部		管理部	财务部
					设计一室	设计一室	资料室		各车间	设备科	工装科	检验科	计量室	仓库	物流科		
顾客导向过程	COP1-市场调查			●			○										
	COP2-定单评审			●	○	○		○	○		○	○		○			
	COP3-产品设计开发				●	●	○	○		○	○	○					
	COP4-生产						○	○	●	○	○	○	○	○	○		
	COP5-工程变更				●	●	○	○	○	○	○	○	○	○			
	COP6-交付			○											●		
	COP7-投诉/退货处理		●		○	○			○			○					
	COP8-售后服务			●	○	○						○					
支持过程	SP1-产品定位	●		○													
	SP2-生产计划			●	○	○	○	○	○	○	○	○	○	○	○		
	SP3-工艺设计				●	●											
	SP4-选择供方				○	○		●				○					

续表 2-4

体系过程 \ 部门		管理层	管代	销售部	设计部			采购部	制造部			品管部		物控部		管理部	财务部
					设计一室	设计一室	资料室		各车间	设备科	工装科	检验科	计量室	仓库	物流科		
支持过程	SP5-试生产				●	●	○	○	○	○	○	○	○	○	○		
	SP6-采购				○	○	○	●									
	SP7-设备管理								○	●							
	SP8-工装管理								○		●	○					
	SP9-监视测量设备管理								○				●				
	SP10-产品监视和测量											●					
	SP11-贮存								○					●	○		
	SP12-顾客满意测量			●								○					
	SP13-文件和记录控制						●									●	
	SP14-资源提供	●								○	○					○	○
	SP15-培训			○	○	○	○	○	○	○	○	○	○	○	○	●	
	SP16-设施管理									●						○	
管理过程	MP1-经营计划	●	○	○	○	○	○	○	○	○	○	○	○	○	○	○	○
	MP2-职责权限确定和评估	●	○	○	○	○	○	○	○	○	○	○	○	○	○	○	○
	MP3-不良成本管理				○	○			○			○		○			●
	MP4-管理评审	●	○	○	○	○	○	○	○	○	○	○	○	○	○	○	○
	MP5-员工激励	○														●	
	MP6-内部审核		●	○	○	○	○	○	○	○	○	○	○	○	○	○	○
	MP7-不合格品控制				○	○		○	●			●		○			
	MP8-数据分析	○	○	○	○	○	○	○	○	○	○	○	○	○	○	●	○
	MP9-改进	○	●	○	○	○	○	○	○	○	○	○	○	○	○	○	○

注:“●”表示主要责任部门,“○”表示相关部门。

第三章　过程识别——金龟图

过程方法认为，过程有六个基本要素，这正好构成一个「金龟图」。通过分解这些要素彻底解剖过程，并应用专业软件进行分析，寻求过程优化的最佳答案。原来过程优化并不是一件很难的事情。

一、金　龟　图

过程识别的一种典型的方法是“金龟图”，它来自以下两个步骤：

1）识别和确定过程有效运行和控制所需的准则和方法；

2）确保可以获得必要的资源和信息，以支持过程的运行和监视。

其中：

“准则”是评价过程的依据；

“方法”是一组活动；

“资源”由两个要素组成：“材料、设备”和“人”；

“信息”由两个要素组成：“输入”和“输出”。

就样就构成金龟图的6个要素，见图3-1。

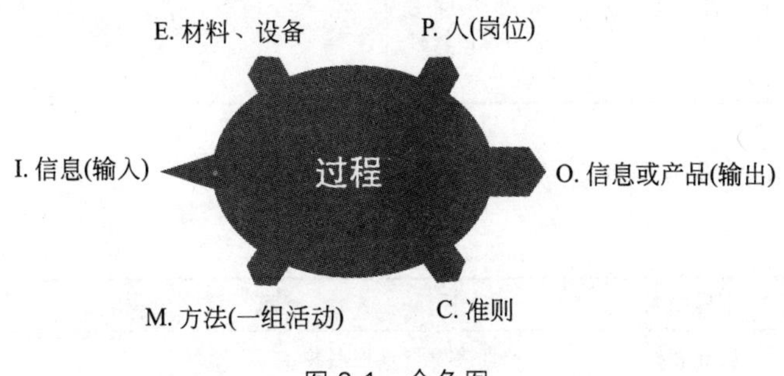

图3-1　金龟图

金龟图实际上是将“蝌蚪图”（图1-3）的输入拆开三个要素。

“金龟图”实际应用实例如图3-2：

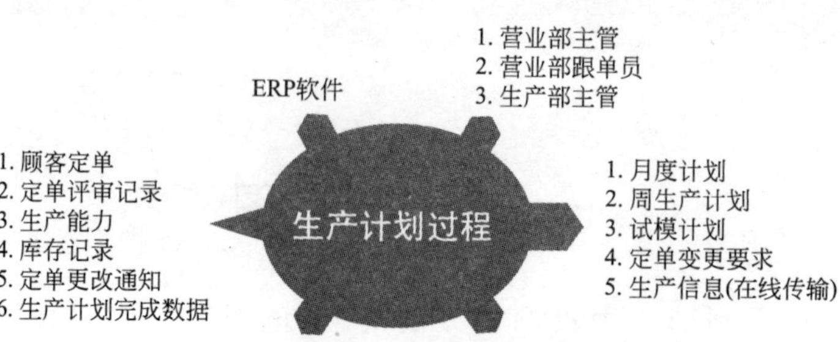

图 3-2　金龟图展开

或用“金龟表”表 3-1 表示：

表 3-1　生产计划过程金龟表

过程名称	责任者	输入/资源	方法	输出	准则
生产计划过程	1. 营业部主管 2. 营业部跟单员 3. 生产部主管	1. 顾客定单 2. 定单评审记录 3. 生产能力 4. 库存记录 5. 定单更改通知 6. 生产日报表 7. ERP 软件(资源)	生产计划制定规定	1. 月度计划 2. 周生产计划 3. 试模计划 4. 定单变更要求 5. 生产信息	1. 生产计划完成率 2. 生产计划提供及时率

金龟表填写说明如表 3-2：

表 3-2

NO	过程要素	填写要求
1	过程名称	• 直接填写过程名称。
2	责任者	• 过程责任者可以是部门，也可以是岗位，但能填写岗位的不填写部门，以便能追溯到唯一的责任人。 • 主要的责任者要用特别的字体(例如加粗)或其他适宜的方式表示。 • 责任者如果与过程的输入或输出无关就不要填写。

续表 3-2

NO	过程要素	填写要求
3	资源	• 只适用于制造过程(例如,烘炉、冲压机等),其他过程可以不填写(例如,打印机、复印机、电话等)。 • 如果涉及的资源需要较高的技能操作,填写时可以与输入合并,例如专业的软件。
4	输入	• 按过程的顺序排列所有的输入,这些输入一定是其他过程的输出或组织外的资料,例如,顾客要求、计划、报表、报告、要求、资料、法律法规、数据等。 • 过程中间的输出成为过程下一活动的输入时,该输入可以不填写。
5	输出	• 按过程的顺序排列所有的输出,这些输出一定是该过程产生的,例如,计划、报表、报告、记录、要求、数据、文件等。 • 如果直接在输入的资料上增加内容而产生输出,则输入和输出的栏目上会出现相同的信息名称。 • 如果过程中间的输出在过程中被转化,不能成为最后的输出,则可以不填写。
6	方法	• 填写文件名称,如果过程没有形成文件,则需要将方法进行表述。 • 如果所填写文件有其支持性文件,这些支持性文件可以不填写。
7	准则	• 填写过程目标、指标和要求。 • 如果准则已融入在方法中不能分离时,则这些准则可以不填写。

章鱼图完成后,图上的每一过程都要有一个金龟图(或金龟表)支持,是章鱼图的展开,而程序文件又是金龟图的展开。所以一只金龟图最好只有一个程序文件支持,如果有多个文件支持会使金龟图失去操作的意义。

表 3-3 是用金龟表编写的文件,它是从图 1-6(蝌蚪图)演变过程的:

表 3-3

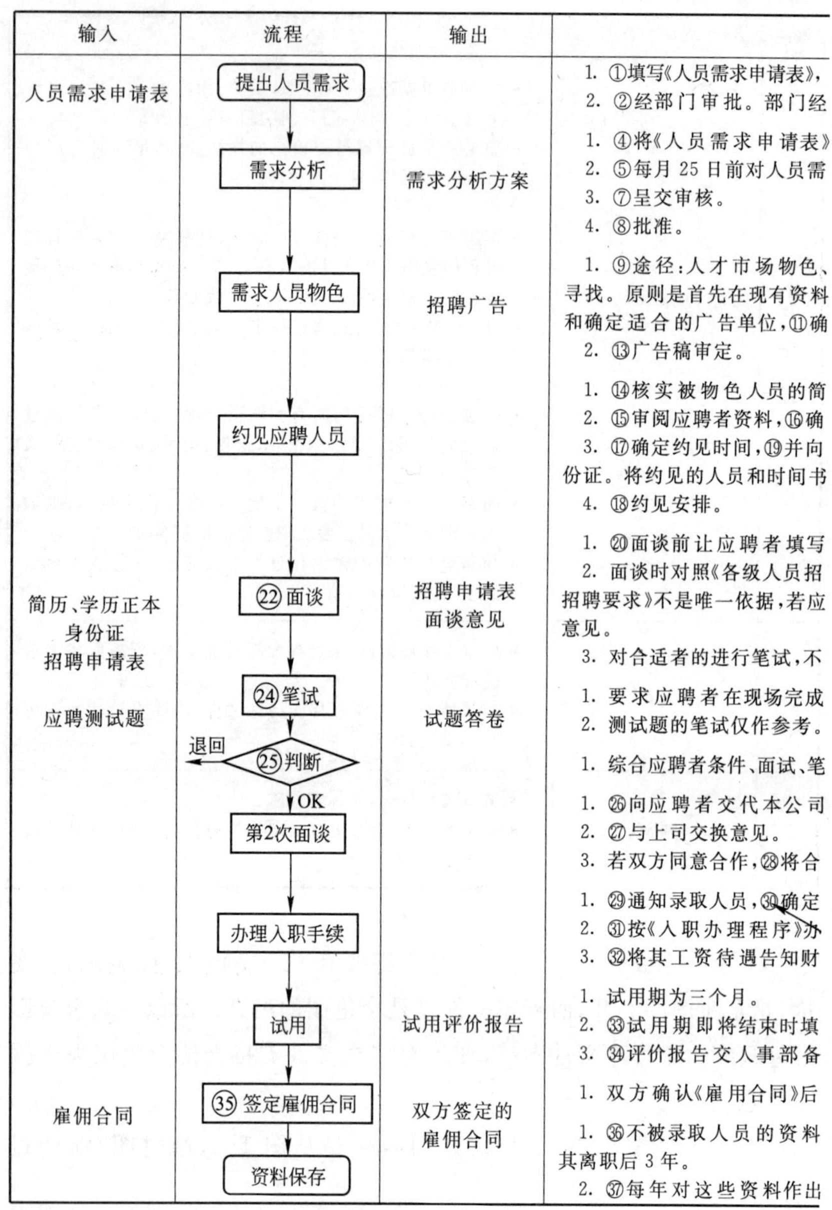

输入	流程	输出	
人员需求申请表	提出人员需求		1. ①填写《人员需求申请表》, 2. ②经部门审批。部门经
	需求分析	需求分析方案	1. ④将《人员需求申请表》 2. ⑤每月 25 日前对人员需 3. ⑦呈交审核。 4. ⑧批准。
	需求人员物色	招聘广告	1. ⑨途径:人才市场物色、寻找。原则是首先在现有资料和确定适合的广告单位,⑪确 2. ⑬广告稿审定。
	约见应聘人员		1. ⑭核实被物色人员的简 2. ⑮审阅应聘者资料,⑯确 3. ⑰确定约见时间,⑲并向份证。将约见的人员和时间书 4. ⑱约见安排。
简历、学历正本 身份证 招聘申请表	㉒面谈	招聘申请表 面谈意见	1. ⑳面谈前让应聘者填写 2. 面谈时对照《各级人员招招聘要求》不是唯一依据,若应意见。 3. 对合适者的进行笔试,不
应聘测试题	㉔笔试	试题答卷	1. 要求应聘者在现场完成 2. 测试题的笔试仅作参考。
	㉕判断(退回 / OK)		1. 综合应聘者条件、面试、笔
	第2次面谈		1. ㉖向应聘者交代本公司 2. ㉗与上司交换意见。 3. 若双方同意合作,㉘将合
	办理入职手续		1. ㉙通知录取人员,㉚确定 2. ㉛按《入职办理程序》办 3. ㉜将其工资待遇告知财
	试用	试用评价报告	1. 试用期为三个月。 2. ㉝试用期即将结束时填 3. ㉞评价报告交人事部备
雇佣合同	㉟签定雇佣合同	双方签定的 雇佣合同	1. 双方确认《雇用合同》后
	资料保存		1. ㊱不被录取人员的资料其离职后 3 年。 2. ㊲每年对这些资料作出

招聘流程

方法/准则	责任人
并说明需求原因。	需求岗位上司
理的需由副总经理审核，③总经理批准。	需求部门经理，副总经理、总经理
呈交给人事部主管。	需求部门文员
求汇总，⑥并附《需求分析方案》。	人事主管
	人事经理
	总经理
登出招聘广告、内部物色、内部推荐、现存资料库上寻找，再考虑其他途径。⑩对于广告，应物色定广告日期，⑫起草广告稿。	人事主管
	人事经理
历，并交需求部门。	人事主管
定约见人员。	需求岗位上司
被招聘者说明至少应带资料：简历、学历正本、身面通知需求人员上司。	人事主管
《招聘申请表》，㉑在《招聘申请表》上编号。	人事资料员
聘要求》判断应聘者是否符合要求。但《各级人员聘者有特长，可作为判断的参考。㉓面谈后填写	需求岗位上司
符合要求的当即告知应聘者。	
《应聘测试题》，时间不超过 30 min。	人事资料员
答对 60％才算合格。部门经理 70％才算合格。	
试的情况决定是否录取，适合者进行第 2 次面谈。	人事主管
的工作要求，工资待遇，征询其要求。	
适者资料交人事部资料员备案。	
上班日期。	
理人职手续。	
务。	人事资料员
写评价报告。	
案。	该职位的上司
签名认可。	
保存至少一年，被录取人员的资料的保存至少在	人事主管
	人事资料员
统计分析。	

这是过程分解后最小单元活动的编号

二、过程识别——金龟图

在进行过程优化前通常都要将文字形式向流程形式转换，目的是能方便描绘金龟图。为方便说明问题下面以煮饭为例。

煮饭方法描述：

4.1 舀米

4.1.1 由厨房杂工提前两小时确定吃饭的人数和吃饭的时间。

4.1.2 用量勺量米，米与勺口平齐，准则为每人半勺米。

4.1.3 将量好的米放在米筐内。

4.2 淘米

4.2.1 用清水冲洗，冲洗时抖动米筐，手搅动，时间至少 1 min，至眼看水清。

4.2.2 露干，露干不少于 1 h。

4.3 放水

由厨工将洗干净的米放在铁锅中，放水的准则为每勺米约半勺水。水位不能高于锅面的三分之二，否则更换较大的锅。

4.4 煮饭

4.4.1 盖盖，并在锅的周边下用湿布围绕。

4.4.2 在炉灶下将木柴点着，保持火势均匀。

4.4.3 烧煮至听不到水沸的声音，打开饭盖在中央放置一钵冷水，再盖好，1 min 后收火。

4.4.4 焗 15 min 至中软程度。

首先将以上全文字方试转换成有流程的表达方式：

流程	方法	责任人
舀米	提前两小时确定吃饭的人数和吃饭的时间。用量勺量米，米与勺口平齐，准则为每人半勺米。将量好的米放在米筐内。	厨房杂工
↓淘米	用清水冲洗，冲洗时抖动米筐，手搅动，时间至少 1 min，至眼看水清。露干，露干不少于 1 h。	厨房杂工
↓放水	将洗干净的米放在铁锅中，放水的准则为每勺米约半勺水。水位不能高于锅面的三分之二，否则更换较大的锅。	厨工
↓煮饭	盖盖，并在锅的周边下用湿布围绕。在炉灶下将木柴点着，保持火势均匀。烧煮至听不到水沸的声音，打开饭盖在中央放置一钵冷水，再盖好，1 min 后收火。焗 15 min 至中软程度。	厨工

接着识别“输出”和“准则”：

步骤	活动	方法	输出	准则
1	舀米	提前两小时确定吃饭的人数和吃饭的时间。用量勺量米，米与勺口平齐。将量好的米放在米筐内。	米量	每人半勺米
2	淘米	用清水冲洗，冲洗时抖动米筐，手搅动，时间至少 1 min。露干，露干不少于 1 h。	干净的米	眼看水清
3	放水	将洗干净的米放在铁锅中，放水，水位不能高于锅面的三分之二，否则更换较大的锅。	水量	每勺米约半勺水
4	煮饭	盖盖，并在锅的周边下用湿布围绕。在炉灶下将木柴点着，保持火势均匀。烧煮至听不到水沸的声音，打开饭盖在中央放置一钵冷水，再盖好，1 min 后收火。焗 15 min 便可。	饭	中软程度

如果不能识别输出和准则，则证明流程存在缺陷，需要补充完善。

“方法”一栏实质就是“活动”的再展开和细化，这些细化的活动也应有判断的准则，如果没有则流程存在缺陷，需要补充完善。也就是说：

1）首先识别输出的准则；

2）然后识别活动的准则。

再识别“输入”：

步骤	活动	输入	输出	准则
1	舀米	吃饭的人数、吃饭的时间、米、量勺	米量	每人半勺米
2	淘米	米量、米筐、水	干净的米	眼看水清为止
3	放水	干净的米、水、铁锅	水量	每勺米半勺水
4	煮饭	水量、柴、炉灶	饭	中软程度

如果不能识别出输入，则流程存在缺陷，需要补充完善。

然后从输入中识别出“资源”：

步骤	活动	输入	资源	输出	准则
1	舀米	吃饭人数、吃饭时间	米、量勺	米量	每人半勺米
2	淘米	米量	米筐、水	干净的米	眼看水清为止
3	放水	干净的米	水、饭锅	水量	每勺米半勺水
4	煮饭	水量	柴、炉灶	饭	中软程度

每一步骤的输出即为下一步骤的输入，否则过程存在缺陷，需要完善。

最后完成“带中间结果和中间准则金龟图”，见图 3-3：

由于上一活动的输出成为下一活动的输入，都属于过程内部的输入和输出，而在系统中只关心过程的最后结果以及与其他过程接口的输入和输出，这时金龟图便可写成图 3-4。

“金龟图”只能机械地列出输入、输出和判断准则，它们之间的逻辑关系、中间结果及中间判断准则便无法表达清楚，这点不如“金龟表”：

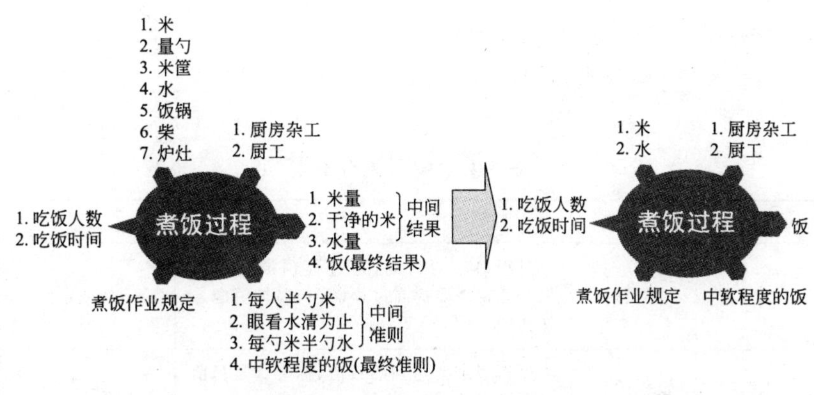

图 3-3 带中间结果和中间准则金龟图

图 3-4 不带中间结果和中间准则金龟图

过程名称	责任者	输入	资源	方法	输出	准则
煮饭过程	1. 厨房杂工 2. 厨工	吃饭人数和时间	米、量勺	煮饭作业规定	米量	每人半勺米
		米量	米筐、水		干净的米	眼看水清为止
		干净的米	水、饭锅		水量	每勺米半勺水
		水量	柴、炉灶		合格的饭	中软程度
流程优化意见：						

按“金龟图”的要素识别和分解过程时通常都能做到初步的优化。接着再对每一要素以及它们的相互关系进行检讨就是第二步的优化。所以，“金龟图”是流程优化的基础。

三、金龟图各要素的分解及说明

金龟图中的 6 个要素中还有不同的分类，分类后都要规定一个符号表示，以便进行电脑统计分析。

1)“C”要素分类及说明(见表 3-4)

表 3-4 “C”要素分类表

符号	准则类型	说明	
C1	过程目标	过程追求的目的，是过程预期的总结果。通常需要提高过程能力、追加资源才能达到	定量或定性
C2	过程指标	过程规定要达到的数值、标准。是目前过程能力的反映	定量
C3	输出要求	输出的判断准则，来自下一过程的期望或要求	定量或定性
C4	活动要求	过程活动的判断准则	定量或定性

目标——争取做到；指标/要求——必须做到。我们有这样的规定：

- 对于一级过程必须明确目标；
- 对于二级过程至少要明确指标；
- 对于技术过程、工艺过程、基层过程，其评价准则以“要求”为主。

2)“O”要素的分类及说明(见表 3-5)

表 3-5 “O”要素分类表—1

符号	输出类型	说明
O1	方案、计划	项目策划的输出
O2	合同、协议	组织所有的合同和协议，包括相关方的合同和协议
O3	文件、附件、要求	作业的依据，例如规范、报价单等
O4	报表、报告	报表主要是指从有规律的输入中产生的资料，而报告主要是指有归纳、分析和结论之类的资料。这类的输出最好设计成标准格式

续表 3-5

符号	输出类型	说明
O5	记录、数据	常规记录，包括手工和电子记录
O6	其他	没有规律的、也很难有固定形式的输出，例如组织结构图、评选结果、函件、意见等

在以上分类的基础上再按频次进行分类（见表 3-6）：

表 3-6 "O"要素分类表—2

符号	频次类型	说明
OD	日信息	每天的输出，例如原始记录、日报表
OW	周信息	每周的输出，例如每周日报表的汇总
OM	月信息	每月的输出，例如周报表的汇总
OS	季度信息	每季的输出，例如业绩报表
ON	年度信息	每年的输出，例如年度报告，业绩报表
OR	随时信息	随机输出，根据当时的情况而产生的输出

对于以上输出在过程中有以下的优化原则：

过程优化原则

- 先项目后方案；
- 先方案后合同；
- 先合同后报表；
- 先计划后报告。

过程优化原则

- 如果输出需要审核，则应设计成审核的标准格式，否则影响过程效率。
- 方案、合同、协议、报告成为下一过程的输入时，必要时增加一个提炼的活动，仅提交下一过程所需的内容，否则将影响下一过程的效率。
- 合并和简化濒率高的输出，并考虑减少人工填写方式。
- 减少输出首先减少频率高的输出，例如日输出。
- 相关的日输出、周输出、月输出的表格要同时设计，最好是一个输出自动生成另一个输出。
- 取消随机输出或将其规定为定期输出。
- 管理层次越高，日信息、随机的信息就要越少。

由于输出有“类型的分类”和“频次的分类”两种，故它们有符号的组合，例如“周报表”可表示为：O4W。

3）“I”要素的分类及说明（见表 3-7）

表 3-7　“I”要素分类表—1

符号	输入类型	说明
I1	方案、计划	上一过程项目策划的方案和计划
I2	合同、协议	上一过程产生的合同和协议
I3	法律法规、要求、文件	必须要履行的要求，例如法律法规、顾客要求、技术文件等，这些都是作业的重要依据
I4	报表、报告	上一过程产生的报表和报告
I5	记录、数据	上一过程产生的常规记录，包括手工和电子记录
I6	其他	没有规律的、也很难有固定形式的输入，例如考察资料、访问的数据、意见反馈等

在以上类型的基础上再按频次进行分类(见表 3-8)：

表 3-8 "I"要素分类表—2

符号	频次类型	说明
I D	日信息	每天的输入,例如上一过程的数据、日报表
IW	周信息	每周的输入,例如上一过程的周计划
IM	月信息	每月的输入,例如上一过程的月计划、月报表
IS	季度信息	每季的输入,例如上一过程的季度业绩数据
IN	年度信息	每年的输入,例如上一过程的年度报告、报表
IR	随时信息	随机输入,根据当时的情况而产生的输入

对于以上输入在过程中有以下的优化原则：

过程优化原则

- 输入如果对输出没有起作用则取消。
- 以输出为导向优化输入的内容。
- 随机输入如果不能产生相关的输出,可以取消。
- 如果输入与输出的因果关系明显,应考虑同一个表格。
- 不同的输入尽量考虑同步,否则将延长过程周期。
- 不管是起始输入还是中间输入,如果不止一个且不同步,应规定它们的时间要求,否则将延长过程周期。
- 如果起始输入和中间输入存在逻辑关系,应考虑同一岗位去处理。

由于输入有“类型的分类”和“频次的分类”两种，故它们有符号的组合，例如“周报表”可表示为：I4W。

4）“M”要素的分类及说明（见表 3-9）。

表 3-9 “M”要素分类表

符号	活动类型	说明
M1	顾客导向活动	与顾客发生关系的活动
M2	关键活动	对实现目标、指标影响较大的活动。顾客导向活动同时是关键活动。关键活动出错通常会导致过程失效
M3	增值活动	输入转化为输出的活动，且输出为过程必需或下过程必须。通常关键活动同时是增值活动
M4	把关活动	审核、批准、检查、评审、评估、考核等涉及权限的活动
M5	非增值活动	辅助活动、信息传递活动、过渡性活动、储备活动、预防性活动等
M6	沟通、协调活动	任何没有客观证据的活动，没有形成文件的输入和输出的活动。这些活动同时也是非增值活动

5）“E”要素的分类及说明（见表 3-10）

表 3-10 “E”要素分类表

符号	设施类型	说明
E1	电脑	输出的载体是电脑
E2	专门软件	输出的载体是专门的软件
E3	手工	输出的载体是纸张
E4	专门设备	输入转换成输出所需的专门设备

综合以上的分类得金龟图分类综合表，见表 3-11

表 3-11　金龟图分类综合表

	符号	准则类型	说明	
准则	C1	过程目标	过程追求的目的，是过程预期的总结果。通常需要提高过程能力、追加资源才能达到	定量或定性
	C2	过程指标	过程规定要达到的数值、标准。是目前过程能力的反映	定量
	C3	输出要求	输出的判断准则，来自下一过程的期望或要求	定量或定性
	C4	活动要求	过程活动的判断准则	定量或定性
输出	符号	输出类型	说明	
	O1	方案、计划	项目策划的输出	
	O2	合同、协议	组织所有的合同和协议，包括相关方的合同和协议	
	O3	文件、附件、要求	作业的依据，例如规范、报价单等	
	O4	报表、报告	报表主要是指从有规律的输入中产生的资料，而报告主要是指有归纳、分析和结论之类的资料。这类的输出最好设计成标准格式	
	O5	记录、数据	常规记录，包括手工和电子记录	
	O6	其他	没有规律的、也很难有固定形式的输出，例如组织结构图、评选结果、函件、意见等	
	符号	频次类型	说明	
	OD	日信息	每天的输出，例如原始记录、日报表	
	OW	周信息	每周的输出，例如每周日报表的汇总	
	OM	月信息	每月的输出，例如周报表的汇总	
	OS	季度信息	每季的输出，例如业绩报表	
	ON	年度信息	每年的输出，例如年度报告，业绩报表	
	OR	随时信息	随机输出，根据当时的情况而产生的输出	
输入	符号	输入类型	说明	
	I1	方案、计划	上一过程项目策划的方案和计划	
	I2	合同、协议	上一过程产生的合同和协议	

续表 3-11

	符号	输入类型	说明
输入	I3	法律法规、要求、文件	必须要履行的要求,例如法律法规、顾客要求、技术文件等,这些都是作业的重要依据
	I4	报表、报告	上一过程产生的报表和报告
	I5	记录、数据	上一过程产生的常规记录,包括手工和电子记录
	I6	其他	没有规律的、也很难有固定形式的输入,例如考察资料、访问的数据、意见反馈等
	符号	频次类型	说明
	ID	日信息	每天的输入,例如上一过程的数据、日报表
	IW	周信息	每周的输入,例如上一过程的周计划
	IM	月信息	每月的输入,例如上一过程的月计划、月报表
	IS	季度信息	每季的输入,例如上一过程的季度业绩数据
	IN	年度信息	每年的输入,例如上一过程的年度报告、报表
	IR	随时信息	随机输入,根据当时的情况而产生的输入
方法	符号	活动类型	说明
	M1	顾客导向活动	与顾客发生关系的活动
	M2	关键活动	对实现目标、指标影响较大的活动。顾客导向活动同时是关键活动。关键活动出错通常会导致过程失效
	M3	增值活动	输入转化为输出的活动,且输出为过程必需的或下过程必须的。通常关键活动同时是增值活动
	M4	把关活动	审核、批准、检查、评审、评估、考核等涉及权限的活动
	M5	非增值活动	辅助活动、信息传递活动、过渡性活动、储备活动、预防性活动等
	M6	沟通、协调活动	任何没有客观证据的活动。这些活动同时也是非增值活动,可变性大
设施	符号	设施类型	说明
	E1	电脑	输出的载体是电脑
	E2	专门软件	输出的载体是专门的软件
	E3	手工	输出的载体是纸张
	E4	专门设备	输入转换成输出所需的专门设备

以上的分类可能有多种组合，例如：

将“O”和“M4”要素进行组合，见表 3-12：

表 3-12　O 和 M4 要素的组合

O			M4
输出类型	输出频次	输出级别	输出的重要性
方案、计划	年度	最高管理层输出	五层把关的输出
合同、协议	季度	总经理输出	四层把关的输出
文件、附件、要求	月度	副总经理输出	三层把关的输出
报表、报告	周	部门经理输出	二层把关的输出
记录、数据	日	主管输出	一层把关的输出
其他	随时	基层输出	

将“I”和“M4”要素进行组合，见表 3-13：

表 3-13　I 和 M4 要素的组合

I			M4
输入类型	输出频次	输入级别	输入的重要性
方案、计划	年度	最高管理层输入	
合同、协议	季度	总经理输入	四层把关的输入
法律法规、要求、文件	月度	副总经理输入	三层把关的输入
报表、报告	周	部门经理输入	二层把关的输入
记录、数据	日	主管输入	一层把关的输入
其他	随时	基层输入	

以下是根据以上的分类对过程活动进行识别的例子：

例子说明 C(准则)经常是伴随其他类型活动的。当时可能是没有准则的，打上 C 符号，表示需要补充。

Microsoft Excel - 副本活动分解-海龟表12-29.xls

文件(F) 编辑(E) 视图(V) 插入(I) 格式(O) 工具(T) 数据(D) 窗口(W) 帮助(H)

M17

	B	C	D	E	F	G	H	I	J	K
8	一级活动	二级活动	三级活动	C类型	I类型	I类型	O类型	O频次类型	M类型	E类型
9	方案设计	组建设计协调机构		C3			03	R		
10	方案设计	培训机构人员		C4					M2	
11	方案设计	对机构人员进行考评		C3					M4	
12	方案设计	了解公司的拟建项目							M2	
13	方案设计	接收公司相关部门的市场信息			I6	IR				
14	方案设计	分析市场信息		C4					M2	
15	方案设计	提出拟建项目的分析报告		C3			04	R		
16	方案设计	收集国内外设计单位的资质及业绩		C4					M2	
17	方案设计	分析拟合作的设计单位的资质及业绩		C4					M2	
18	方案设计	提出设计单位选用建议报告		C3			04	R		
19	方案设计	组织对拟合作设计单位的考察		C4					M5	
20	方案设计	编制概念设计的设计计划		C3			01	R		
21	方案设计	提交考察报告		C3			04	R		
22	方案设计	编制设计邀请招标函		C3			06	R		
23	方案设计	提交概念设计费用意见		C3			06	R		
24	方案设计	接收公司对概念设计费用意见的反馈			I6					
25	方案设计	发送概念设计费用意见至拟合作的设计单位							M5	
26	方案设计	接收设计单位对设计费用的反馈意见			I6					
27	方案设计	对拟合作的设计单位进一步评估		C4					M4	
28	方案设计	提交评估意见至公司							M5	
29	方案设计	接收公司反馈意见			I6					
30	方案设计	向确定的设计单位发出设计邀请函							M5	
31	方案设计	编制设计邀标书		C3			03			
32	方案设计	提交设计邀标书至公司							M5	

过程优化原则

- 凡 I5 就要考虑是否要形成 I4，凡 O5 就要考虑是否要形成 O4。
- 所有过程都必须有 M4 类活动。
- 凡 M3 就要考虑是否有 I 和 O。
- 凡 I 或 O 就要考虑是否要有 M4。
- 凡 O 就要明确它的接口。
- 凡 M6 就要考虑是否要形成 I 或 O。
- 跨部门的 M 一定有 M4。
- 重要的 O 就要有一层以上的 M4，如审核和批准。
- I 最好不要超过两层的 M4，O 最好不要超过三层的 M4，如果超过则要制定审核准则，将审批权下放。

四、金龟图6个要素的策划顺序和优化模型

策划过程时，在6个要素中应按以下的顺序进行：

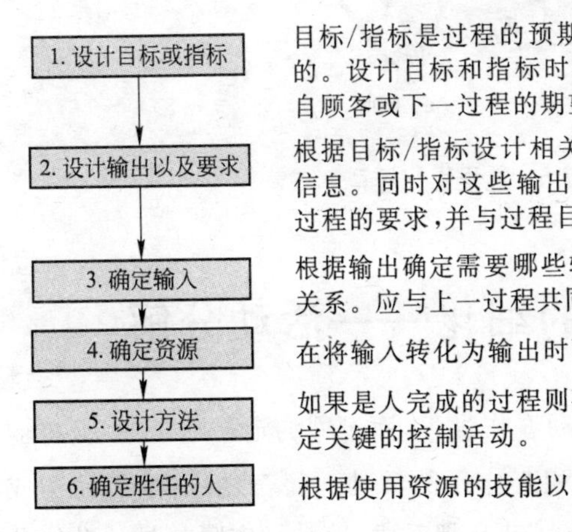

原理

目标/指标是过程的预期结果，其他要素都是为其服务的。设计目标和指标时必须是可测量的。目标指标来自顾客或下一过程的期望并与能力相一致。

根据目标/指标设计相关的报表、记录以及其他支持性信息。同时对这些输出规定要求。这些要求来自下一过程的要求，并与过程目标/指标相一致。

根据输出确定需要哪些输入资料，包括它们之间的逻辑关系。应与上一过程共同确定，并对上一过程提出要求。

在将输入转化为输出时可以是设备、软件，也可以是人。

如果是人完成的过程则要设计适宜的方法，并识别和确定关键的控制活动。

根据使用资源的技能以及方法的难度确定胜任的人。

过程优化时：

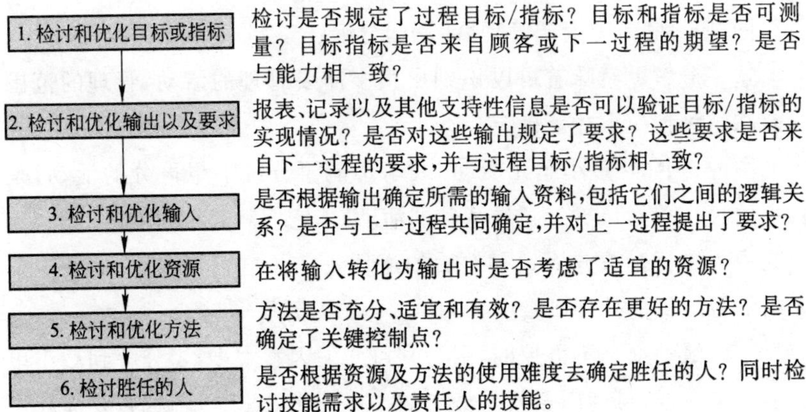

原理

检讨是否规定了过程目标/指标？目标和指标是否可测量？目标指标是否来自顾客或下一过程的期望？是否与能力相一致？

报表、记录以及其他支持性信息是否可以验证目标/指标的实现情况？是否对这些输出规定了要求？这些要求是否来自下一过程的要求，并与过程目标/指标相一致？

是否根据输出确定所需的输入资料，包括它们之间的逻辑关系？是否与上一过程共同确定，并对上一过程提出了要求？

在将输入转化为输出时是否考虑了适宜的资源？

方法是否充分、适宜和有效？是否存在更好的方法？是否确定了关键控制点？

是否根据资源及方法的使用难度去确定胜任的人？同时检讨技能需求以及责任人的技能。

即图 3-5 就是过程优化的模型，过程方法是一种过程技术。

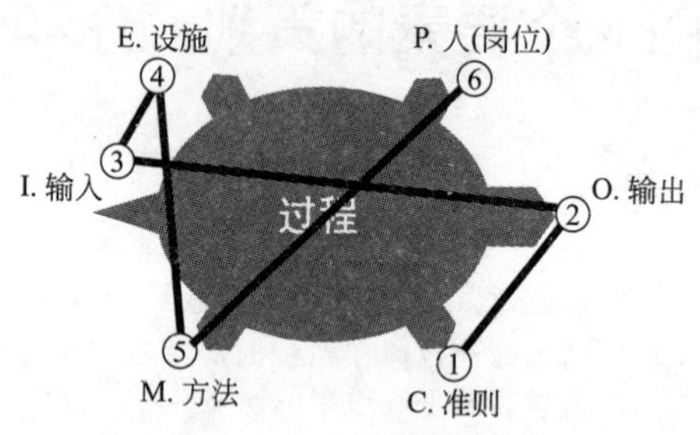

图 3-5　过程优化模型

五、金龟图的细化——活动分解

过程方法的焦点是将活动看作过程，而过程的定义则是：一组将输入转化为输出的相互关联或相互作用的活动。简言之，一组活动构成过程，当将构成过程的每一个活动又都看成过程时，实际就是活动的分解原理。工业工程有一项重要的工作就是对作业活动进行分解，然后才能准确定义作业流程，企业管理也遵循同样的原理。

图 3-6 是“人力资源管理”活动的分解：

这一分解就意味着可以识别出很多需要管理的活动，管理的范围只有在这种情况下才能确定。

图 3-6 中的“最小单元活动”表示不能再分或不想再分的活动，是管理的最小单元，也称为“最基础的活动”。它们就是组织的“细胞”，就如同一部自行车被分拆到零件后的道理一样。它们非常简单，不需要太高的智能都能处理。

一级活动都是不可控的，因为它可变的因素太多，当分解到最小单元的活动时候，可变因素就是最小的。标准化效率是最高的，要提高过

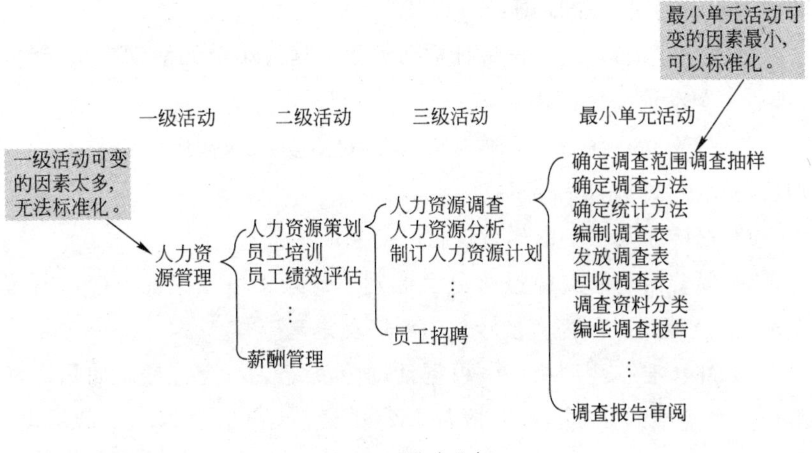

图 3-6　活动分解

程效率，就要减少过程活动的可变因素。过程如果像自行车那样由一些“标准件”组成，那么过程效率是最高的，也是最稳定和可控的。识别过程的最小单元的活动无非就是寻找“标准件”的可能性，即将最小单元的活动向标准过渡——这才是真正的精细化管理的原理。

过程优化原则

- 要提高过程效率就要减少活动的可变因素，或设法将可变因素固定下来。
- 要使过程稳定和受控就要将最小单元的活动向标准过渡，至少关键的活动要标准化。
- 标准紧随过程步骤，且标准细化在先，步骤细化在后，最后达到所有步骤都标准化。

过程分解的5个原则：

1）能细则细原则——将日常活动分解到最小单元活动为止，严格地说，一个动词一个活动；

2）不放过原则——不遗漏管理中的活动，开始时宁多勿少，待识别后再删减，即先加后减；

3）直接原则——以作业者自己的判断为准；

4）顺着活动的规律进行分解原则——只要呈规律性就应以其规律进行识别和分解，为直接转化为程序奠定基础；

5）符号唯一性原则——根据活动分类定义一个符号。如果活动不止一个类型的性质，例如，既是M2（关键活动）也是M3（增值活动）时，则要定义M2。

表3-14为某组织人事部日常活动的分解实例：

事物无论多么复杂，都是由一些重复出现的元素所构成，《最小单元活动汇总表》表示的就是这个意思。

在分解活动的同时完成每一活动责任人的识别及其分类（见海龟图要素分类表）。由于分解后的活动只能对应唯一的责任人，这时就有可能：

1）很多地方存在责任真空；

2）或迫使对活动的描述和分解作出调整。

对《最小单元活动汇总表》进行分类统计后就可以发现：

1）组织活动的总量，即体系的规模；

2）现时各岗位的工作负荷；

3）权限的总量、分布及其集中程度；

4）人员对本职岗位的适合程度；

5）同类的、共性的活动；

6）同类的输入和输出；

7）输入和输出的周期；

表 3-14 人事部最小单元活动汇总表

Microsoft Excel - 人事部最小单元活动汇总表

文件(F) 编辑(E) 视图(V) 插入(I) 格式(O) 工具(T) 数据(D) 窗口(W) 帮助(H)

	A	B	C	D	E	F	G
1	人事部最小单元活动汇总表						
2	No	大活动	活动展开（一）	活动展开（二）	活动展开（三）	责任人	活动分类
3	1	员工招聘	提出人员需求	填写《人员需求表》		需求岗位上司	I
4	2			审核		部门经理	M4
5	3			批准		总经理	M4
6	4			将《人员需求申请表》呈交给人事部主管		需求部门文员	M
7	5		需求分析	人员需求汇总		人事主管	O
8	6			提出《需求分析方案》		人事主管	O
9	7			审核		人事经理	M4
10	8			批准		总经理	M4
11	9		需求人员物色	人员物色		人事主管	M
12	10			登出招聘广告	确定广告单位	人事主管	M
13	11				确定广告日期	人事主管	M
14	12				起草广告稿	人事主管	M
15	13				广告稿审定	人事经理	M4
16	14		约见应聘者	约见前准备	审核被物色人员简历	人事主管	M4
17	15				应聘者资料审阅	需求岗位上司	M4
18	16				确定约见人员	需求岗位上司	M
19	17				确定约见日期	人事主管	M
20	18				约见安排	人事主管	M
21	19				向应聘者提出约见要求	人事主管	M
22	20			与应聘者面谈	让应聘者填写《招聘申请表》	人事资料员	O
23	21				在《招聘申请表》上编号	人事资料员	M
24	22				面谈	需求岗位上司	M
25	23				填写意见	需求岗位上司	O
26	24		笔试			需求岗位上司	I
27	25		判断			需求岗位上司	M4
28	26		第二次面谈	向应聘者交待工作要求，工资待遇，征询其要求。		需求岗位上司	M
29	27			与上司交换意见		需求岗位上司	M
30	28			将合适者资料交人事部备案		需求岗位上司	M
31	29		办理入职手续	通知录取人员		人事主管	M
32	30			确定上班日期		人事主管	M
33	31			办理入职手续		人事主管	M
34	32			将其工资待遇通知财务部		人事主管	M
35	33		试用	填写《评价报告》		需求岗位上司	O
36	34			评价报告交人事部备案		需求岗位上司	M
37	35		签定雇佣合同			人事主管	M
38	36		资料保存	资料保管		人事资料员	M
39	37			做出资料统计分析		人事主管	M
40	38	培训	新员工培训	入职培训	提供培训名单	培训专员	M
41	39				编写培训感想	受训员	O
42	40			上岗培训	应知应会培训	用人部门	M
43	41				培训测试	培训员	M
44	42		在职员工培训	确定培训需求	培训申请	培训需求者	I
45	43				审核被物色人员简历	部门经理	M4
46	44				培训需求分析	人事主管	M
47	45				编制年度课程表	培训主管	O
48	46			制定培训计划	年度计划	培训主管	O
49	47				部门计划	培训主管	O
50	48				资源配置	总经理	M
51	49				确定课程积分	人事经理	M
52	50			培训计划审批	落实培训教师	培训专员	M
53	51			培训实施	培训安排上网	培训专员	M
54	52				临时计划审批	人事经理	M4
55	53				大型培训的组织	人事主管	M
56	54				印发培训资料	资料员	M
57	55				培训跟班	培训专员	M
58	56				填写《员工培训积分卡》	培训专员	O
59	57			培训有效性评价	培训效果跟踪	组织者	M
60	58				有效性评估	培训专员、培训员、受训者上司	M
61	59				评估资料保存	培训专员	M
62	60		培训资料的管理	培训教材的管理	教材编制	资料员	M
63	61				教材备案	教材编写人员	M
64	62				分类	资料员	M
65	63				标识	资料员	M
66	64				建立目录和索引	资料员	M
67	65				教材复印	资料员	M
68	66				教材使用	资料员、培训员	M
69	67				教材贮存	资料员	M
70	68				教材贮存检查	资料员	M
71	69			培训试题库管理	题库划分	资料员	M
72	70				题库建立	资料员、培训员	M
73	71				题库更新	资料员	M
74	72				题库和答案检查	人事经理	M4
75	73			培训记录的管理	填写《培训记录》	培训员	O
76	74				培训记录保存	资料员、各部门	M
77	75				培训记录移交	个部门文员	M
78	76			案例库管理	案例归纳	各部门	M
79	77				案例收集	各部门	M
80	78				案例交资料室	资料员	M
81	79	以下略					
82							
83	n-1						
84	n						

8）重叠活动的比例；

9）重复的输入和输出；

10）人力资源是否不足或浪费；

11）活动之间的矛盾情况；

12）与现行部门的职能是否有矛盾。

应用专门的软件进行统计后对以上的发现就会提示在何处进行过程优化。

过程优化原则

- 将同类的、共性的活动向管理过程转化。
- 将同类的输入和输出整合。
- 将发生在不同过程的重复输入和输出取消或整合，或将这些过程整合。

六、一级活动——大过程(大金龟)

大过程通常都是跨部门的，那么就必须指定过程的主要责任部门（或责任者），以便有人对过程负最终责任。

大过程的主要责任部门应具有以下职责：

1）过程的发起者；

2）过程资源的配置者；

3）具有过程决策权；

4）具有过程的监控权；

5）过程目标和指标的制定者；

6）过程绩效的主要评估者；

7）过程的主要改善者。

大过程一旦转移到其他部门，则部门的职能也因此发生重大变化，它所拥有的子过程也随大过程的转移而随之转移。

对大过程的策划首先是在组织层面上进行的，可能涉及跨部门小组去确定过程边界、输入和输出。

当若干子过程（小金龟）支持大过程时，小金龟的识别就是大金龟的延伸，是母金龟生下的小金龟。

七、过程关键控制点的识别

在识别过程时每一个要素都可能存在关键控制点，如图 3-7。

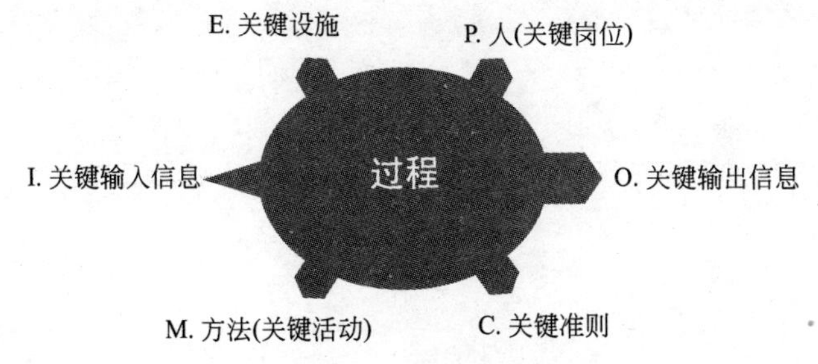

图 3-7　关键控制点

识别关键活动在第一章的“过程风险”一节中已有介绍，8 分以上的活动为关键控制点。各要素关键控制点的逻辑关系是：

1）关键准则对应关键的活动或关键的输出；

2）关键输出对应关键输入；

3）关键输入或关键输出对应关键设施；

4）关键的输出对应关键的活动；

5）关键活动或关键的设施对应关键的人。

所有关键的控制点都要用特别的符号“K”或“▼”加以表示，例如“KC”表示关键准则。

第四章 过程接口

过程方法的优点是可以很好地解决企业的「物流」和「信息流」问题，而在解决后者的同时也顺理成章地解决了困扰企业的管理接口问题，同时也解决了ERP想要解决的流程问题。

一、过程相互作用

就过程而言体系的定义是：相互关联或相互作用的一组过程。“相互关联”：一个过程与另一个过程之间关系的性质，如因果关系、顺序关系等。“相互作用”：一个过程的变化引起另一个过程的变化。相互作用包含了相互关联，相互关联不一定有相互作用，见图 4-1。

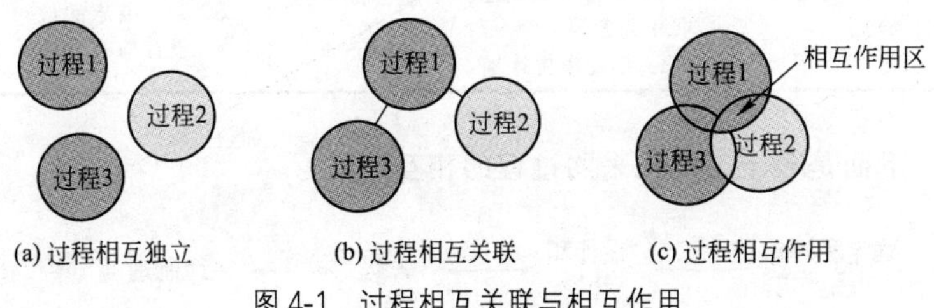

图 4-1　过程相互关联与相互作用

齿轮运动就是相互作用的实例，见图 4-2：

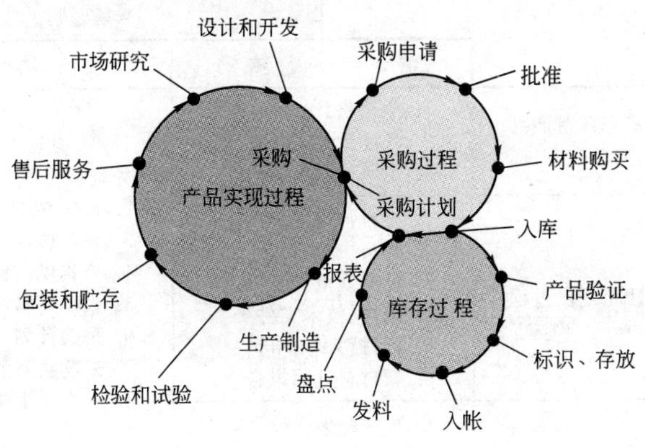

图 4-2　齿轮运动图

下面是两个过程的相互关联：

确定产品要求——→评审产品要求

它们的相互作用——过程接口：

<table>
<tr><th colspan="2">产品要求确定过程——→</th><th colspan="2">评审产品要求过程</th></tr>
<tr><th>输入</th><th>输出</th><th>输入</th><th>输出</th></tr>
<tr><td>1. 市场调研
2. 产品销售价格
3. 货期
4. 生产能力
5. 合同
6. 定单</td><td colspan="2">1. 产品可用性、交付和技术支援上的要求
2. 预期或规定用途所需的要求
3. 产品有关的法律法规方面的要求和义务等
4. 年度销售计划</td><td>1. 顾客的功能及技术参数要求
2. 顾客的质量要求
3. 顾客要求的检验
4. 设计应符合的标准</td></tr>
</table>

下面是若干过程与采购过程的相互关联：

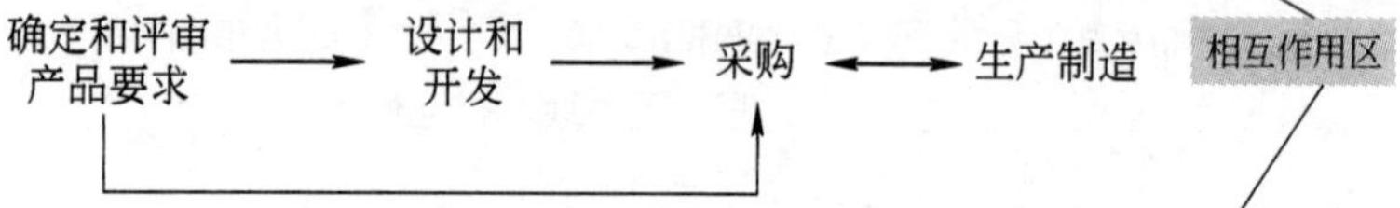

确定和评审产品要求 ——→ 设计和开发 ——→ 采购 ←——→ 生产制造　相互作用区

（确定和评审产品要求 ——→ 采购）

它们的相互作用——过程接口：

<table>
<tr><th colspan="3"></th><th colspan="2">采购过程</th></tr>
<tr><th colspan="2"></th><th>输出</th><th>输入</th><th>输出</th></tr>
<tr><td rowspan="3">与采购相关的过程</td><td>确定和评审产品要求过程</td><td colspan="2">1. 年销售计划
2. 月度计划
3. 定单要求</td><td rowspan="3">1. 采购规格书及有关标准等资料
2. ERP 供应厂商的资料
3. 采购协议
4. 合格供应商
5. 采购物料的申请
6. 采购计划
7. 采购物料的申请
8. 一次性采购申请表
9. 外购部件、物料
10. 发外加工部件</td></tr>
<tr><td>设计和开发过程</td><td colspan="2">1. 材料清单
2. 材料用量
3. 材料规范
4. 图样、技术文件
5. 新材料试用申请
6. 新材料试用报告</td></tr>
<tr><td>生产制造过程</td><td colspan="2">1. 生产计划
2. 存货资料
3. 补料申请</td></tr>
</table>

在表示要素之间的关联性方面表 4-1 的关联符号可以参考。

表 4-1 相互关联的表示方法

关联符号	表示的含义
 A ←→ B	可表示互为因果、相互约束等关系
 A ——→ B	可表示因果、先后、顺序、增值、物流等关系，如果是粗实线则可表示为关键路线
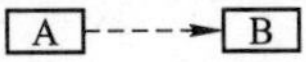 A - - -→ B	可表示信息流、次级流程、A 参照 B 等关系
 A —— B	可表示平衡关系、对等关系等
 A - - - - B	可表示可互为替代、过渡性等关系
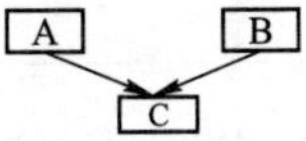 A、B → C	“与”关系，表示只有 A、B 同时发生，C 才发生
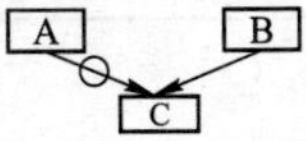 A○、B → C	“或”关系，表示只要 A 或 B 发生，C 就发生
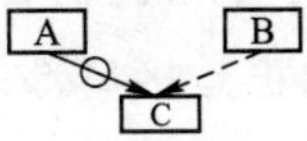 A○、B（虚线）→ C	“序”关系，表示 C 依赖与 A、B，但首先 A 对 C 发生作用
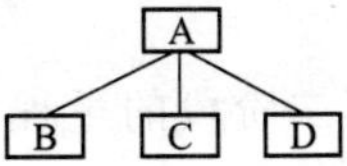 A — B、C、D（扇形）	属种关系。在层次结构中，下层概念继承了上层概念的所有特性，并包含有将其区别于上层和同层概念的特性的表述，如：A 表示产品销售，则 B、C、D 表示不同的品种销售。通过一个没有箭头的扇形或树形图绘出属种关系
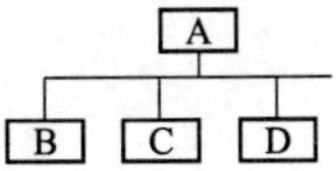 A — B、C、D（耙形）	从属关系。在层次结构中，下层概念形成了上层概念的组成部分，B、C、D 可被定义为 A 的一部分。如 A 表示为总销售，则 B、C、D 表示为不同的地区销售。通过一个没有箭头的耙形图绘出从属关系

我们通常都是通过符号的使用去说明过程的结构和基本规律的。

为做好过程接口，我们需要做一些基础性的准备工作，清理和盘点现时的所有输入和输出（“I”类和“O”类资料）。只要它们是反复出现的就要登记在表 4-2 和表 4-3 中，并交代输入的来源和输出的去向。

表 4-2　×××部门输入文件

序号	输入文件	来自哪些部门	备注

表 4-3　×××部门输出文件

序号	输出文件	到哪些部门	备注

在进行过程接口前，可以先进行部门对接；对于本部门而言，所有的输入都是其他部门形成的，即本部门的 I 类活动正是接口部门的 O 类活动，这样，我们就可以将本部门的输入与其他部门的输出做对接，同样将自己部门的输出与相关部门的输入相对接。

做了第一阶段的清理和部门接口后才进行第二阶段的过程接口。通过这两个阶段的接口往往会发现：

1）有相当部分的输出无法对应输入；

2）有些输入和输出是多余的；

3）有些输入和输出是不合理的，甚至是无效的；

4）有些输入和输出是过渡性；

5）有些输出的内容是重复的或是相似的。

这些就是我们需要优化的地方。最后将优化后的输入和输出汇总成组织的《输出文件汇总表》（见表 4-4），这时该表所有的输出都是唯一的，即是没有重复的。

表 4-4 输出文件汇总表

序号	输出文件	到哪些部门	备注

二、过程相互作用索引图

图 4-3(章鱼图)的索引号是表示过程之间相互作用的符号,其输

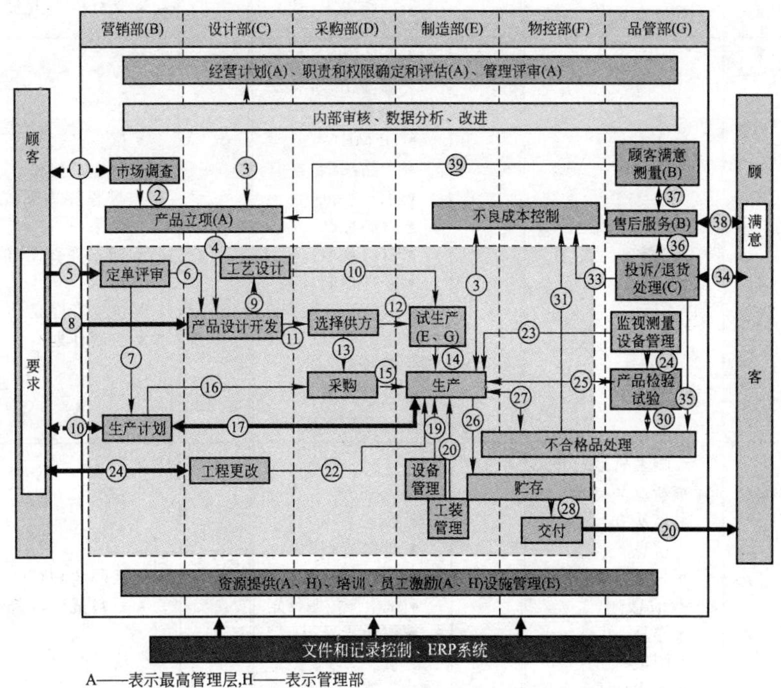

图 4-3 过程相互作用索引图

入和输出可以从表 4-5 索引表中查到。

表 4-5 过程相互作用索引表

索引号	输出	索引号	输出	索引号	输出
①	• 调查问卷 • 顾客潜在需求	⑥	• 新订单评审记录 • 评审后新订单 • 制造可行性评审记录	⑪	• 项目进度计划 • 材料规范 • 原材料/外协件清单 • 零件部件图纸
②	• 产品建议书 • 市场分析报告	⑦	• 评审后的订单 • 订单评审记录 • 订单更改通知	⑫	• 材料验证报告 • 合格的新材料
③	• 新产品论证报告 • 战略定位	⑧	• 顾客样品 • 技术要求 • 特殊要求	⑬	• 合格供方名单 • 新材料试用申请 • 新材料试用报告
④	• 新产品立项通知	⑨	• 产品功能和性能 • 可靠性和质量目标 • DFMEA • 产品图纸 • 工程规范 • 产品标准 • 材料规范 • 样件控制计划 • 新设备、工装清单 • 新检验、试验设备清单 • 包装方案 • 特性矩阵图	⑭	• 试生产通知 • 试生产报告 • 过程能力研究结果 • 测量系统分析结果 • 试生产样品 • 控制计划
⑤	• 顾客常规订单 • 新产品订单 • 口头电话要货信息 • 顾客订单更改信息 • 样品 • 图纸 • 技术要求 • 特殊要求	⑩	• 过程流程图 • PFMEA • 试生产控制计划 • 作业指导书	⑮	• 采购的物料 • 材料试用申请

续表 4-5

索引号	输出	索引号	输出	索引号	输出
⑯	• 月生产计划 • 周生产计划	㉑	• 顾客工程更改通知 • 顾客附加检验要求 • 顾客标识要求 • 检测合格的工程更改产品 • 检测记录	㉖	• 合格的产品 • 入库记录
⑰	• 月生产计划 • 周生产计划 • 试模计划 • 定单更改要求 • 生产日报表	㉒	• 工程更改通知 • 工程更改 Check-list	㉗	• 需要返工返修的不合格品 • 处置后不合格品 • 不合格品评审报告
⑱	• 月生产计划 • 周生产计划 • 生产信息 • 顾客生产信息（在线传输）	㉓	• 检定合格的监视和测量设备 • 测量仪器检定计划	㉘	• 包装好的产品 • 物流计划
⑲	• 适宜的设备	㉔	• 检定合格的监视和测量设备 • 测量仪器检定计划	㉙	• 交付的产品 • 发货单 • 交付统计表
⑳	• 适宜的工装、模具	㉕	• 半成品 • 成品 • 异常问题通知 • 产品检验记录 • 不良品统计 • 检验合格的半成品和成品 • 质量会议记录	㉚	• 检验试验的不合格品 • 不合格品报告 • 处置不合格品后的验证记录 • 处置后不合格品 • 不合格品评审报告

续表 4-5

索引号	输出	索引号	输出	索引号	输出
㉛	• 返工、翻修工时统计 • 返工、翻修材料统计	㉞	• 顾客投诉 • 退货 • 拒收产品 • 罚款单 • 8D 报告 • 纠正措施验证记录 • 产品试验分析结果	㊲	• 顾客调查报告
㉜	• 返工工时报表 • 返工耗材报表	㉟	• 退货产品返工、返修表 • 退货产品返工、返修后重新验证记录	㊳	• 服务协议 • 售后服务验证记录 • 顾客反馈意见分析报告 • 零配件更换汇总表 • 经销商年度评价报告 • 售后服务需求
㉝	• 到顾客处返工费用表 • 厂内返工费用 • 报废产品金额 • 附加运费	㊱	• 顾客投诉/退货处理报告	㊴	• 新产品顾客反馈意见

在此之前我们已经完成了章鱼图上每一过程的金龟图识别，现在便可以在金龟图的基础上完成过程接口，见图 4-4：

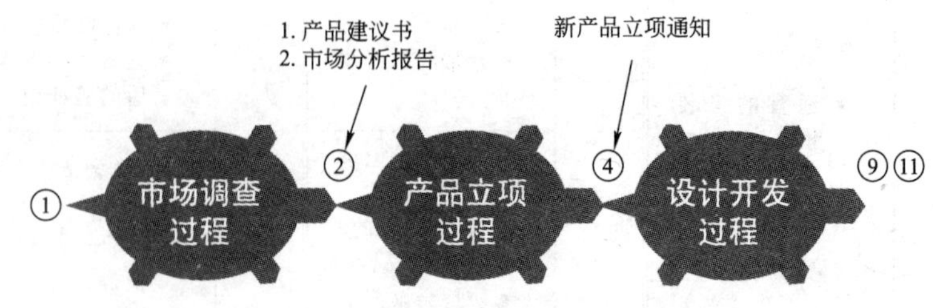

图 4-4 过程接口

显然，章鱼图上索引号输出的总体就是组织的信息流，优化体系很大程度上就是优化信息流。过程接口实质上是将过程放在体系中进行再一次识别和优化，主要是识别过程输出的流向，这时有两种可能：

1）有多余的不合适的输出；

2）欠缺或不能提供下一过程所需的输出。

如果是第一种情况就可能做了无用功，如果是第二种情况就说明过程不充分。

实际上过程的输入与输出都会发生在过程的中间，见图 4-5：

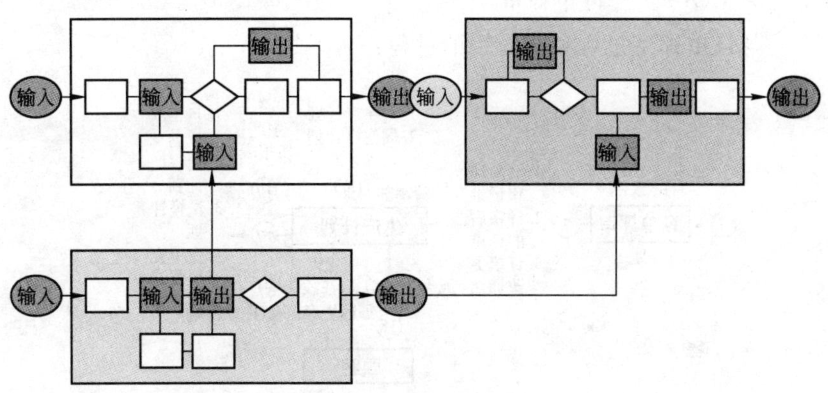

图 4-5　过程中间接口

三、过程相互作用的表述——过程接口

表述过程相互作用时要围绕顾客导向过程（COP）进行，是图 4-3 的展开。

1）COP1——市场调查

与市场调查过程相互作用的过程：

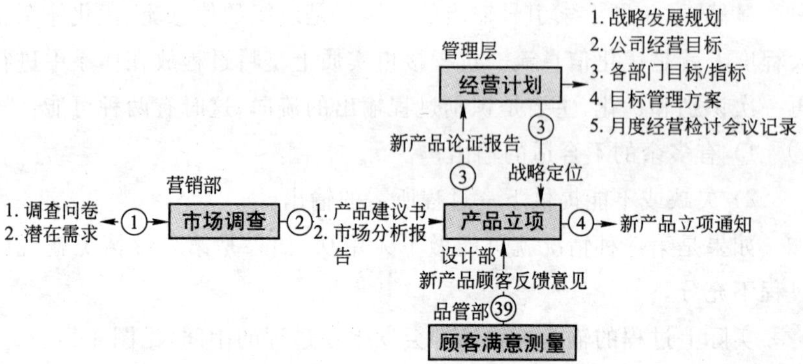

2）COP2——订单评审

与订单评审过程相互作用的过程：

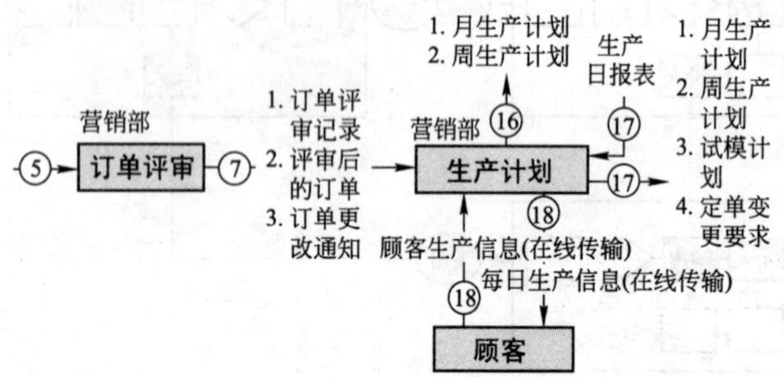

3）COP3——产品设计开发

与产品设计开发过程相互作用的过程：

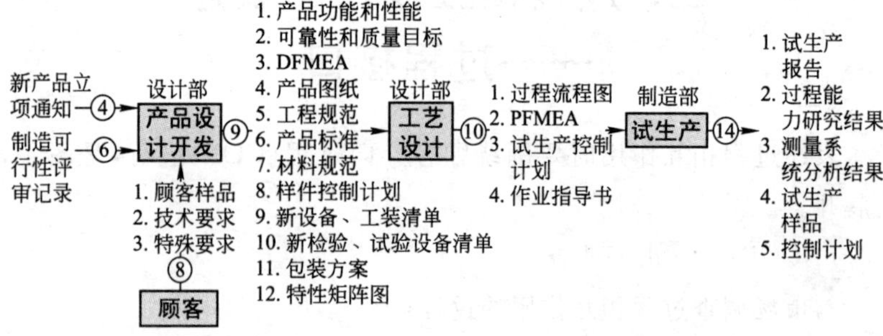

1. 项目进度计划
2. 材料规范
3. 原材料/外协件清单
4. 零件部件图纸
11
采购部
选择新供应商
12
1. 材料验证报告
2. 合格的新材料
制造部
试生产
14
1. 试生产报告
2. 试生产样品

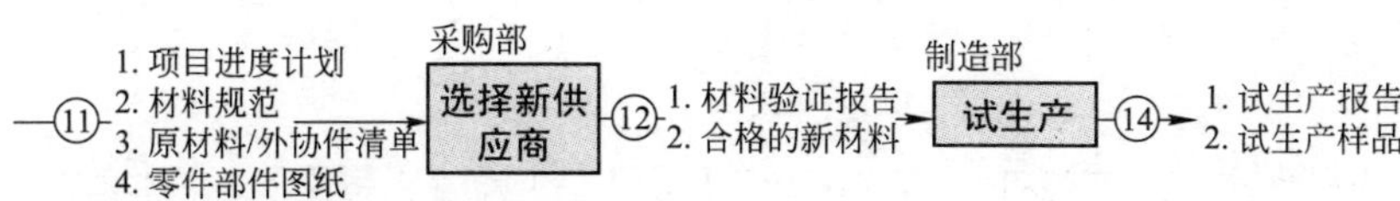

4）COP4——生产

与生产过程相互作用的过程：

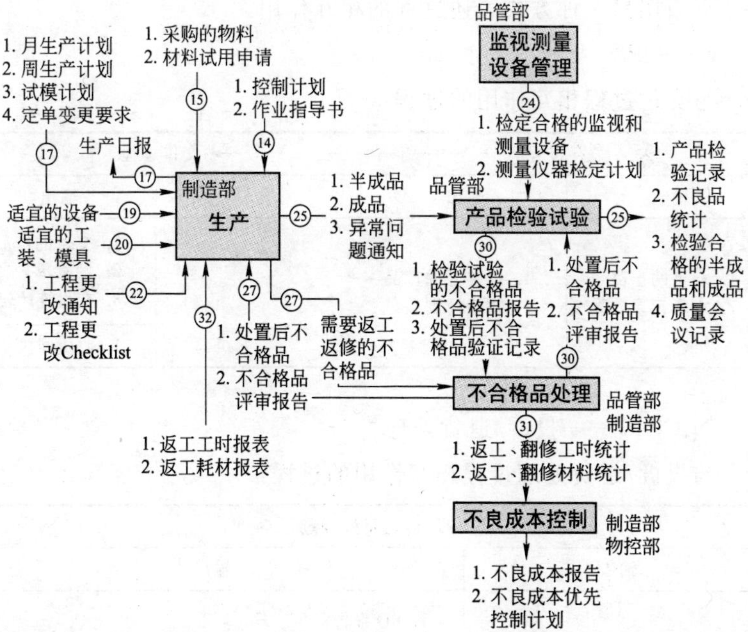

1. 月生产计划
2. 周生产计划
3. 试模计划
4. 定单变更要求
17
生产日报
17
1. 采购的物料
2. 材料试用申请
15
1. 控制计划
2. 作业指导书
14
适宜的设备
19
适宜的工装、模具
20
1. 工程更改通知
2. 工程更改Checklist
22
制造部
生产
25
1. 半成品
2. 成品
3. 异常问题通知
32
27
27
1. 处置后不合格品
2. 不合格品评审报告
需要返工返修的不合格品
1. 返工工时报表
2. 返工耗材报表
品管部
监视测量设备管理
24
1. 检定合格的监视和测量设备
2. 测量仪器检定计划
品管部
产品检验试验
25
1. 产品检验记录
2. 不良品统计
3. 检验合格的半成品和成品
4. 质量会议记录
30
1. 检验试验的不合格品
2. 不合格品报告
3. 处置后不合格品验证记录
1. 处置后不合格品
2. 不合格品评审报告
30
不合格品处理
品管部
制造部
31
1. 返工、翻修工时统计
2. 返工、翻修材料统计
不良成本控制
制造部
物控部
1. 不良成本报告
2. 不良成本优先控制计划

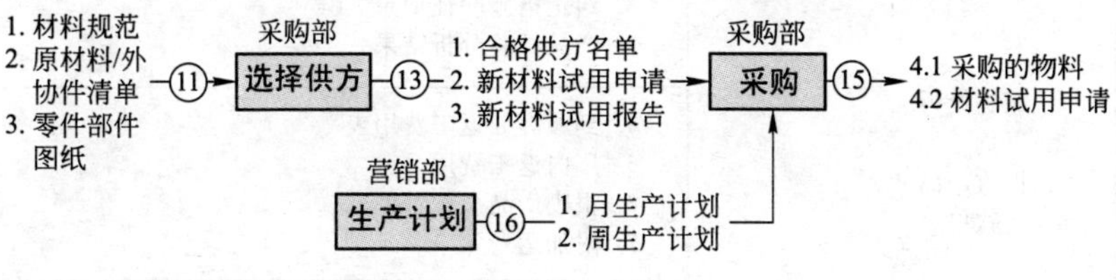

1. 材料规范
2. 原材料/外协件清单
3. 零件部件图纸
11
采购部
选择供方
13
1. 合格供方名单
2. 新材料试用申请
3. 新材料试用报告
采购部
采购
15
4.1 采购的物料
4.2 材料试用申请
营销部
生产计划
16
1. 月生产计划
2. 周生产计划

5）COP5——工程更改

与工程更改过程相互作用的过程：

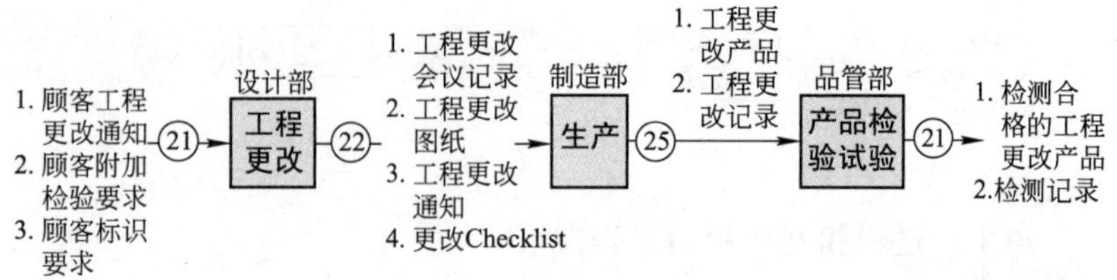

下面用另一种方式表述过程的相互作用。

6）COP6——交付过程

与交付过程相互作用的过程：

贮存过程 ——㉘——		——→ 交付过程	
输入	输出	输入	输出
1. 合格的产品 2. 入库记录 ㉖	1. 包装好的产品 2. 物流计划		1. 交付的产品 2. 发货单 ㉙ 3. 交付统计表
			1. 收货回执 ㉙

7）COP7——投诉/退货处理

与投诉/退货处理过程相互作用的过程：

投诉/退货处理过程	
输入	输出
1. 顾客投诉 2. 退货 3. 拒收产品 4. 罚款单 ㉞	1. 8D 报告 2. 纠正措施验证记录 ㉞ 3. 产品试验分析结果
	4. 到顾客处返工费用表 5. 厂内返工费用 6. 报废产品金额 ㉝ 7. 附加运费
	8. 退货产品返工、返修表 9. 退货产品返工、返修后重新验证记录 ㉟
	10. 顾客投诉/退货处理报告 ㊱

8）COP8—售后服务

	售后服务过程	
与售后服务有关过程的输出	输入	输出
顾客满意测量过程	1. 顾客调查报告 ㊲	1. 服务协议 2. 售后服务验证记录 3. 顾客反馈意见分析报告 4. 零配件更换汇总表 ㊳ 5. 经销商年度评价报告
投诉/退货处理过程	2. 顾客投诉/退货处理结果 ㊱	
	3. 售后服务需求 ㊳	

通过信息流解决过程接口问题的方法也是贯彻ISO 27001信息安全标准时识别信息资产的最好方法。

四、过程目标的相互作用

过程目标有两种：一种是属于体系的，另一种是属于自身的。例如“设备管理过程”有以下5个目标：

1）设备故障停机台时；

2）关键设备完好率；

3）一般设备完好率；

4）保养计划完成率；

5）预防性维护成本。

前三个目标是为“生产过程”服务的，是放在系统中考核的，而后两个目标是考核自身的。

所有顾客导向过程的目标就是组织的核心目标；支持过程（SP）的目标支持核心目标并相互作用，见图4-6所示：

显然，目标之间是一种逻辑结构，考虑目标量化时这种结构尤为重要，既要相互约束也要相互匹配。在体系优化时目标的充分性和适宜性要依赖这一结构，如果结构合理的话，就会形成图 4-7 的理想状态：

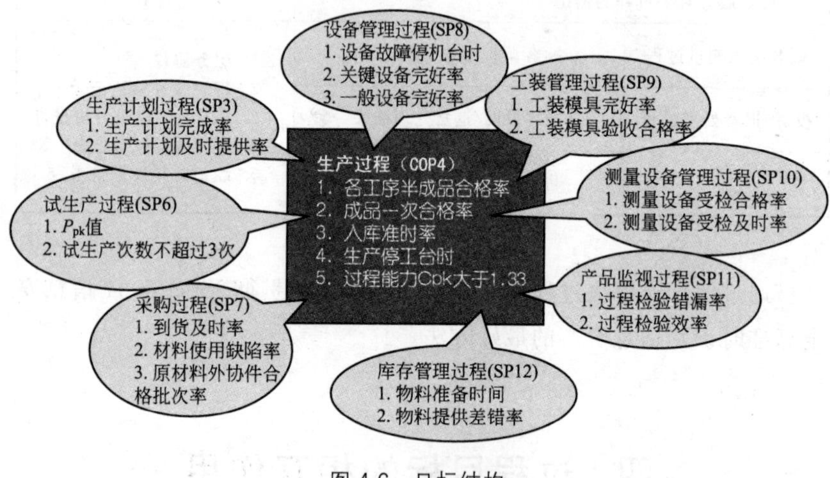

图 4-6　目标结构

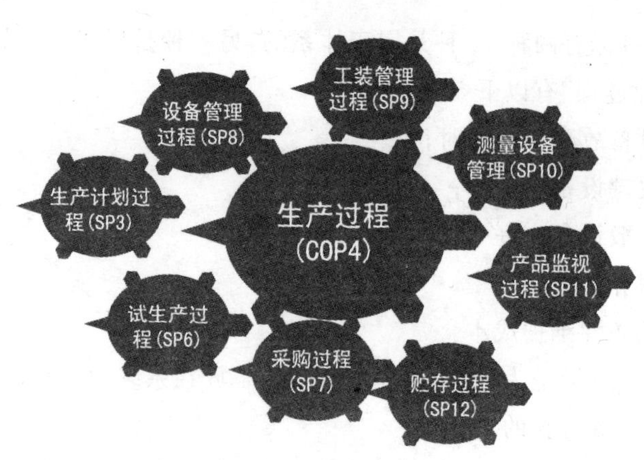

图 4-7　目标的一致性

显然，生产过程目标的实现需要跨部门的协同，而只有面向过程的业绩考核（见第五章）才能促进这样的协同，见图 4-8：

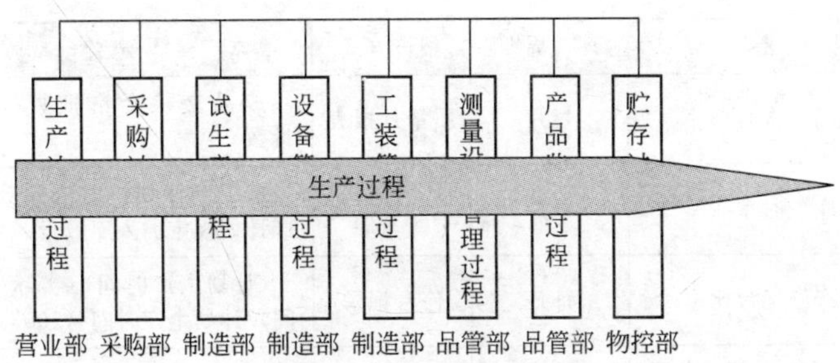

图 4-8　过程和跨部门的协同

五、过程关键活动与职责的相互关联

过程目标制定后，接着是识别影响目标实现的关键活动。所有的关键活动都要明确：

1）主要责任者；

2）相关责任者；

3）要求。

下面以生产过程(COP4)为例。

生产过程(COP4)是顾客导向过程，有 8 个支持过程，根据图 4-5 所设定的目标明确关键活动和相关责任者。

1. COP4—生产过程

1.1　过程目标/指标

目标/指标	评价周期	报告方式	定义
1. 各工序半成品合格率	每月	质量月报表	半成品交检合格批数/月交检批数

续表

目标/指标	评价周期	报告方式	定义
2. 成品一次合格率	每月	质量月报表	成品交检合格批数/月交检批数
3. 入库准时率	每月	生产日报表	按生产计划按时入库数量/生产计划规定的入库数量×100%
4. 生产停工台比率	每月	停台记录	(计划生产时间－实际生产时间)/计划生产时间×100%
5. 过程能力 C_{pK} 大于 1.33	每月	$X-R$ 图	产品公差是 6σ 的 1.33 倍

1.2 过程关键活动和职责

过程关键活动 \ 相关部门	设计部	制造部	物控部	品管部	要求
1. 生产过程监视和测量		●		◎	• 过程监视点出现差错不能超过 2 点/天。 • 开机前参数的核实同步完成。 • 首件确认在开机后后 5 分钟内完成
2. 过程确认	●	◎		○	• 对于新产品，过程参数在三天内定出，外观判断样板在 7 天内完成。 • 新设备运行 1 000 小时要证实设备能力，运行正常后 10 000 小时再证实。 • 试生产时评估时要包括人员资格的鉴定、使用的方法以及记录的适宜性。 • 过程条件发生变化后 7 天内完成过程确认
3. 机种转换	◎	●	◎	◎	• 10 分钟内完成机种转换

“●”表示过程主要责任者，“◎”表示过程较大相关责任者，“○”表示过程次要相关责任者。

1.3 过程关键输入和输出

关键输入	过程	关键输出
1. 生产计划 2. 控制计划 3. 工程更改通知 4. 机种转换 Checklist	1.《生产过程控制程序》 2.《应急计划》 3.《产品标识和可追溯性指导书》	1. 过程确认报告 2. 各工序监视记录 3. 异常问题通知 4. 生产效率统计表

2. SP3—生产计划过程

2.1 过程目标/指标

目标/指标	评价周期	报告方式	定义
1. 生产计划完成率	每月	生产月报表	完成计划数量/定单计划数量×100%
2. 生产计划提供及时率	每月	生产月报表	生产周计划、工程更改调整计划按时提供次数/应发计划总数×100%

2.2 过程关键活动和职责

相关部门 过程关键活动	营销部	设计部	采购部	生产部	品管部	物控部	要求
1. 生产能力的确定		●		◎			• 新产品生产能力10天内确认，3个月再确认。 • 各工序标准时间调整后当天提交。 • 各工序标准时间误差不超过5%
2. 与生产计划有关的信息及时录入	●	○	◎	◎		◎	• 关联信息要同步录入。 • 生产日报表截止时间为16:30。 • 生产进度15 min之内正确地显示在显示屏上
3. 生产计划跟进	●		○	◎	○	◎	• 生产计划每月28号前发出，生产计划变更信息1 h内发出。 • 物料、工装的齐备提前两小时确认。 • 生产准备会议、生产例会提出影响生产计划实施的事项在生产前全部解决
4. 关键设备计划外停机应急处理		◎	○	●		○	• 平时至少有两个替补方案，并在30 min内响应

2.3 过程关键输入和输出

关键输入 →	过程	→ 关键输出
1. 生产能力表 2. 顾客订单 3. 变更通知单	1.《生产计划编制和实施程序》 2.《应急计划》	1. 周生产计划 2. 试模计划

3. SP6—试生产过程

3.1 过程目标/指标

目标/指标	评价周期	报告方式	定义
1. P_{pk}值	试生产确认后	$X-R$图	—
2. 试生产次数不超过3次	试生产确认后	试生产报告	达到P_{pk}值、质量目标值、成本值等指标所进行的试生产次数

3.2 过程关键活动和职责

相关部门 过程关键活动	设计部	采购部	制造部	物控部	品管部	要求
1. 试生产准备	◎	○	●	○	◎	• 试生产准备在接到通知后10天内完成。 • 作业准备验证问题不能多于3个
2. 初始过程能力研究	●		◎		◎	• 达到初始过程能力的试生产次数不多于3次

3.3 过程关键输入和输出

关键输入 →	过程	→ 关键输出
1. 试生产控制计划 2. 试生产工装 3. 试生产 Checklist	《试生产管理程序》	1. 过程能力研究结果 2. 工序验证报告 3. 试生产报告 4. 问题解决方案

4. SP7—采购过程

4.1　过程目标/指标

目标/指标	评价周期	报告方式	定义
1. 到货及时率	每月	供应商业绩报表	及时到货批次数/计划到货批次数×100%
2. 材料使用缺陷率	每月	供应商业绩报表	生产过程发现存在缺陷的数量/投入使用数量×100%
3. 来料合格批次率	每月	供应商业绩报表	检验合格批次数/检验总批次数×100%

4.2　过程关键活动和职责

相关部门 过程关键活动	设计部	采购部	制造部	物控部	品管部	要求
1. 采购计划跟进		●	○	◎		• 各种物料的采购在规定的周期内采购(参见采购周期表)。 • 外发加工采购计划在月底25号发出。 • 物料交付信息随时能查到
2. 工程更改控制	◎	●	◎		◎	• 影响供应商的工程更改的通知当天发出。 • 协助工程更改与本公司同步
3. 采购样品管理	◎	●			◎	• 采购样品标准化,并与供应商保持一致

4.3　过程关键输入和输出

关键输入	过程	关键输出
1. BOM 2. 生产计划 3. 采购周期 4. 材料规范	《采购管理程序》	1. 采购计划 2. 外协计划 3. 采购合同 4. 样品评估报告

5. SP8—设备管理过程

5.1 过程目标/指标

目标/指标	评价周期	报告方式	定义
1. 设备故障停机台时	每月	设备故障停机时间累计表	月所有设备故障停机时间累计
2. 关键设备完好率	每月	设备维修记录统计表	关键设备完好台数/关键设备总数
3. 一般设备完好率	每月	设备维修记录统计表	设备完好台数/设备总数
4. 保养计划完成率	每月	设备保养计划	实际完成台数/计划完成台数×100%
5. 预防性维护成本	半年	设备工装保养成本报表	实际发生的预防性维护成本

5.2 过程关键活动和职责

相关部门 过程关键活动	采购部	制造部	物控部	要求
1. 关键设备预见性维护	○	●		• 每年至少对 EFMEA 中风险序数高的前三项采取措施降低分数。 • 故障重复 5 次后将维护作业标准化
2. 备件管理	◎	◎	●	• 易损件、关键备件不能低于最低库存的红线(见最低库存表)

5.3 过程关键输入和输出

关键输入	过程	关键输出
1. 关键备件清单 2. 设备维修保养记录 3. 设备保养、操作规程	1.《设备管理程序》 2.《应急计划》	1. 设备故障停机台时统计 2. 预见性设备保养计划 3. 设备维修统计分析报告 4. EFMEA(设备失效模式和影响分析)

6. SP9—工装管理过程

6.1 过程目标和指标

目标/指标	评价周期	报告方式	定义
1. 工装模具完好率	每月	模具维修统计表	完好工装模具数/工装模具总数×100%
2. 工装模具验收合格率	每月	工装模具验收报表	工装模具交付合格数/工装模具交付总数×100%(试模次数不超过三次为验证合格)
3. 工装维护成本	半年	保养成本报表	实际发生的工装维护成本

6.2 过程关键活动和职责

相关部门 过程关键活动	设计部	采购部	制造部	物控部	品管部	要求
1. 工装模具设计评审	●		◎		○	• 工装模具设计评审后设计修改不多于5处
2. 模具外包试模	◎		●		◎	• 第一次试模整改不多于10处
3. 工装模具变更等级控制	◎	○	●	○	◎	• 工装模具设计修改和工程更改等级相一致。 • 工装模具更改的追溯履历表要同步更新

6.3 过程关键输入和输出

关键输入	过程	关键输出
1. 产品图纸 2. 新工装模具制作要求 3. 工程更改要求 4. 工装更改申请单	1.《工装模具管理程序》 2.《工程更改控制程序》 3.《工位器具管理程序》	1. 工装模具图纸 2. 试模计划 3. 工装模具试模报告 4. 工装模具台帐 5. 工装模具履历表 6. 易损工装更换计划

7. SP10—监视测量设备管理过程

7.1 过程目标/指标

目标/指标	评价周期	报告方式	定义
1. 周期受检及时率	每月	测量设备校准验证汇总	测量设备受检数/计划受检数×100%
2. 测量设备受检合格率	每月	测量设备校准验证汇总	测量设备受检合格数/受检数×100%

7.2 过程关键活动和职责

相关部门 过程关键活动	设计部	制造部	物控部	品管部	要求
1. 监视和测量设备定期验证与使用的协调	○	◎		●	• A类仪器提前15天通知校准 • B类仪器提前10天通知校准
2. 仪器失准对产品影响的评估以及追溯		●		●	• 产品出货前能全部追回。

7.3 过程关键输入和输出

关键输入	过程	关键输出
1. 校准周期 2. 控制计划 3. 实验室范围 4. 国家有关检定校准规程	1.《检验测量和试验设备控制程序》 2.《测量系统分析程序》 3.《实验室控制程序》	1. 检定证书 2. 校准记录 3. 检验测量和试验设备周期检定计划 4. 受失准仪器影响的产品评估报告

8. SP11—产品监视和测量过程

8.1 过程目标/指标

目标/指标	评价周期	报告方式	定义
1. 错漏检率	每月	质量月报表	总成每批漏检数量/总成每批总数量
2. PPM	每月	质量月报表	每百万不合格品(或缺陷)数

8.2 过程关键活动和职责

相关部门 / 过程关键活动	设计部	制造部	品管部	要求
1. 成品检验和试验检查清单的编制	○		●	• 新产品量产前完成检查清单编制,内容与控制计划保持一致。 • 工程变更通知下发后在出货检验前完成检查清单的更新
2. 减少产品特性变差	◎	●	◎	• 针对超过 PPM 值的产品一周内完成完善对策

8.3 过程关键输入和输出

关键输入	过程	关键输出
1. 生产计划 2. 检验指导书 3. 控制计划 4. 顾客特殊特性要求	《产品检验试验程序》	1. 成品检验和试验检查清单 2. 首件记录 3. 成品检验试验记录 4. 外观检验记录 5. 全尺寸检验记录 6. 信赖性检验报告

9. SP12—贮存过程

9.1 过程目标/指标

目标/指标	评价周期	报告方式	定义
1. 物料准备时间	每月	库存月报	从获得发料通知到正确发出物料的时间
2. 物料提供差错率	每月	库存月报	发出物料差错批数/发出物料总批数×100%

9.2 过程关键活动和职责

相关部门 / 过程关键活动	采购部	制造部	物控部	要求
1. 物料标识	○	◎	●	• 按物料标识系统进行标识
2. 物料存放位置		◎	●	• 根据定单的趋势每三个月调整物料存在的货位、货架位置。其布局以取货最佳路线和空间最大利用为原则

9.3 过程关键输入和输出

关键输入	过程	关键输出
1. 领料单 2. 物料保存期限表 3. 物料库存限额单 4. 出货计划	《贮存管理程序》	1. 出货单 2. 库存明细台帐 3. 产品出入库汇总表 4. 盘点报告

六、过程相互作用在软件中的表述

针对一级过程可以用上述原始的方式表述过程的相互作用，但如果对体系中所有的过程都这样表述的话就相当困难了，尤其是过程很多、体系复杂时就更难了，所以需要借助专门的软件去完成。可惜，目前很多体系管理和优化的软件在这方面的功能都不强，没有完全达到使用者的要求，或者根本没有这样的功能。

过程相互作用的表述是一个动态过程，任何过程只要增加一个输入或输出软件就能使体系做出响应，并具有优化的功能。同时软件也要起到有效维护体系的作用。表 4-6 就是软件最基本的功能。

表 4-6 体系维护和优化软件最基本的功能

功能模块		备注
流程基本板块	公司体系框架图	公司体系模式图
	部门体系框架图	
	管理体系模式展开图	章鱼图
	一级过程的金龟图	
	二级过程的金龟图	
	顾客导向过程之间的相互关联图	或关联表

续表 4-6

功能模块		备注
流程基本板块	顾客导向过程与支持性过程相互关联图	或关联表
	过程之间相互作用的表述	相互作用图或接口表，即所有的输入和输出活的对应关系
	部门的所有输入和输出	包括各种输入和输出的分类。每个输出和输入单独的显示功能
	岗位的所有输入和输出	
	公司所有增值活动和非增值活动	
	部门和岗位的所有增值活动和非增值活动	
	流程关键活动	包括对关键活动的要求
	各岗位职责	从过程活动的分工中自动统计
	各岗位权限	
	文件清单	
	文件关联表	或叫文件挂钩表
	过程树	
	公司和部门活动的总量	包括各种活动的分类
	所有操作文件的显示	有搜索功能
流程自动化	所有活动时间自动录入	针对要走电脑流程的活动，并有自动提示功能
	业务流程周期自动统计	
	输出自动衔接	只要打出某个输出，与之相关的文件和记录自动链接，并能打开相关的资料
	过程目标指标的数据自动形成趋势	
	公司体系各类活动的比例自动生成	
	同类的输入和输出比例自动生成	
	重复的输入和输出比例自动生成	
	同类的活动或公共性活动比例自动生成	
	流程增值活动与非增值活动比例自动生成	
	岗位职责和权限自动更新	
	作业文件自动执行	仅针对走网络流程部分

续表 4-6

功能模块		备注
体系维护	各类文件和记录标准格式显示	
	产生一个文件便自动在体系中生产编号	
	文件修改版本自动升级	
	文件更改后自动生产文件更改履历	
	保留历次文件更改申请	
	保留历次版本的文件,并可追溯	
	文件自动发布	包括走自动审批程序

以下是软件系统显示的若干功能的例子:

例 1:流程识别模块贮存了公司和部门所有的活动分类,可以查找到所有增值活动和非增值活动以及他们的比例、任何输入和输出的来源、公司以及部门的最小单元活动、最小单元过程,还可以查阅公司活动总表、部门活动总表。流程优化都是这些数据基础上进行的。见图 4-9:

例 2:图 4-10 为公司以及部门的核心流程图模块。进入这个模块主要是了解公司的"管理体系模式"、管理原则和相关的政策。这个模块可以寻找到任何外部、内部的顾客导向过程、支持性过程以及管理过程。从核心流程中点击每一个过程就会出现支持这个框图的每一个步骤和金龟图。

例 3:进入过程相互作用的模块可以查找任何信息的流向、过程接口、部门接口、瓶颈流程。这是流程优化的主要功能。见图 4-11:

例 4:挂钩表表示各层文件之间的关系。在这个模块上随意输入一个文件或记录,与之相关的接口文件便可同时出现,任何文件都可前后追溯,修改一个文件的同时就不会遗漏其他文件的修改。见图 4-12:

例 5:业绩模块分公司业绩、过程业绩以及部门业绩。对于已设定参数、业务周期的流程软件会自动统计其效率、有效性、过程能力等。所有目标指标都会形成趋势。见图:4-13

Process Approch
文件 编辑 职责 流程 格式 帮助
流程优化
QMS 管理体系
流程识别
发展部
研发部
工程部
造价采购部
商业营运部
人力资源部
品质部
公司核心流程图
过程互相作用
金龟表
挂构图
顾客导向过程
支持性过程
管理过程
过程业绩
人员招聘流程
输入
过程
输出
人员需求申请表
提出人员需求
需求部门
需求分析
人事部
需求分析方案
需求人员物色
人事部
招聘广告
约见应聘人员
人事部
简历、学历正本、身份证
应聘测试题
面谈
人事部
需求部门
招聘申请表
笔试
试题答卷
OK
退回
判断
人事部
需求部门
第二次面谈
人事部
雇佣合同
办理入职手续
人事部
人事档案
试用
用人部门
试用报告
签定雇佣合同
人事部
双方签定的雇佣合同
资料保存
人事部

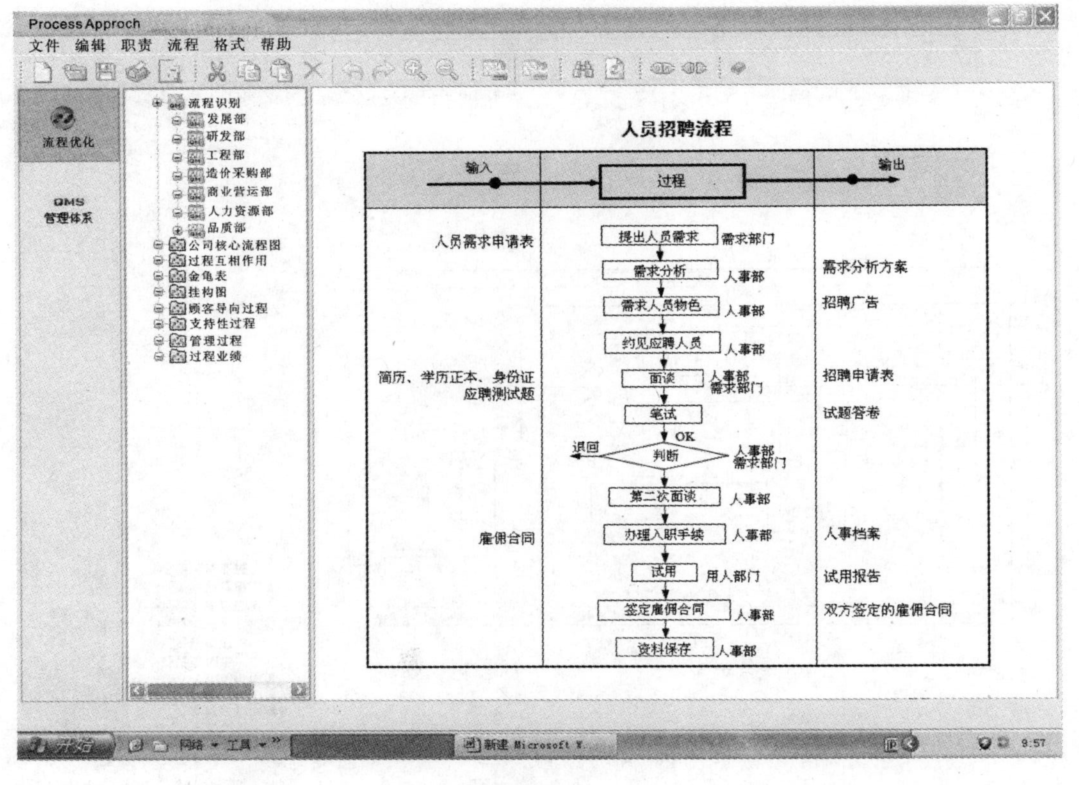

图 4-9

Process Approch
文件 编辑 职责 流程 格式 帮助
流程优化
QMS
管理体系
流程识别
公司核心流程图
部门核心流程图
过程互相作用
金龟表
挂钩图
顾客导向过程
支持性过程
管理过程
过程业绩
制定目标、计划及明确职责（A.B.C）
资源提供（A.B.C）

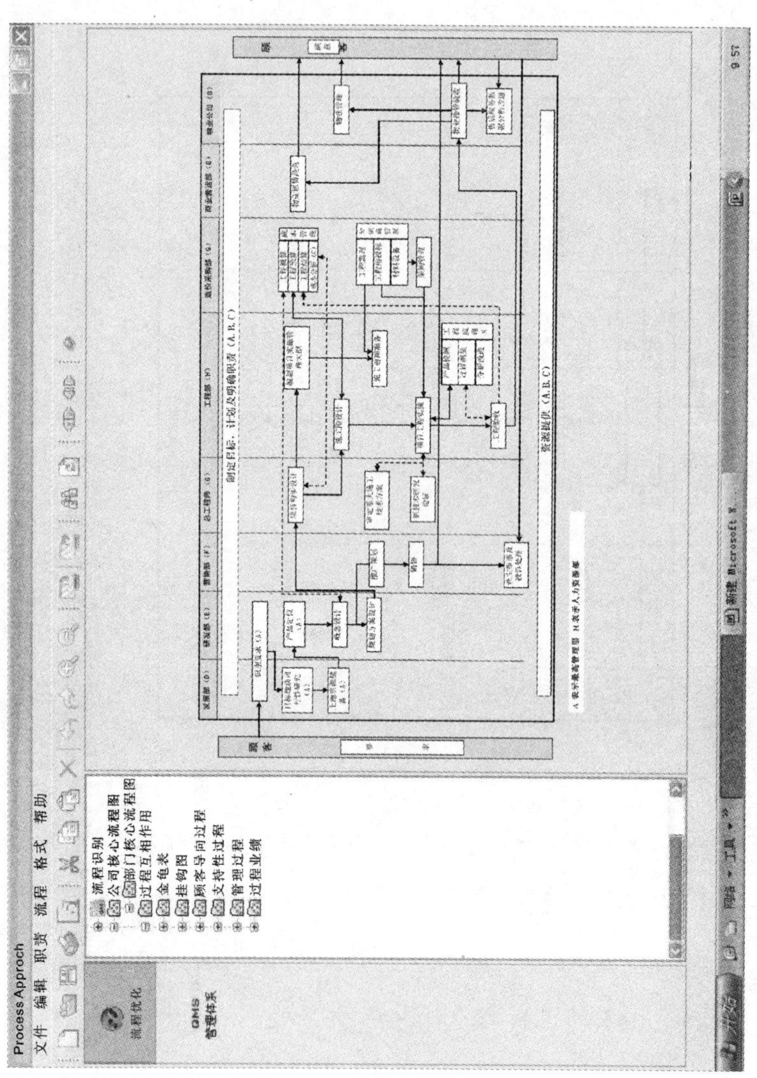

图 4-10

Process Approch
文件 编辑 职责 流程 格式 帮助
流程优化
QMS
管理体系
流程识别
公司核心流程图
过程相互作用
发展部
研发部
工程部
造价采购部
商业营运部
人力资源部
品质部
顾客导向过程
支持性过程
管理过程
过程业绩
发展部
研发部
地质资源储备
产品定位
概念设计
产品定位
输入
1.地皮位置
2.政府用地限制条件
3.土地使用规划图
输出
1.可行性分析
2.风险成本分析
3.产品定位报告
概念设计
输入
输出
概念设计概要
概念设计方案
返回

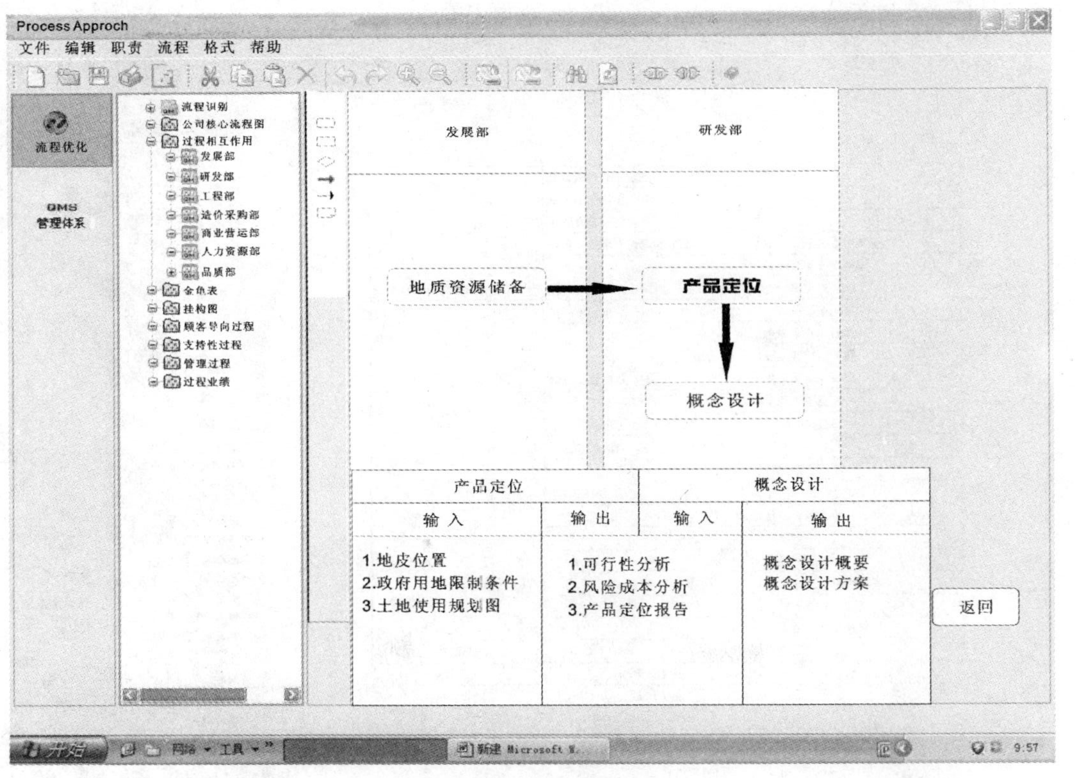

图 4-11

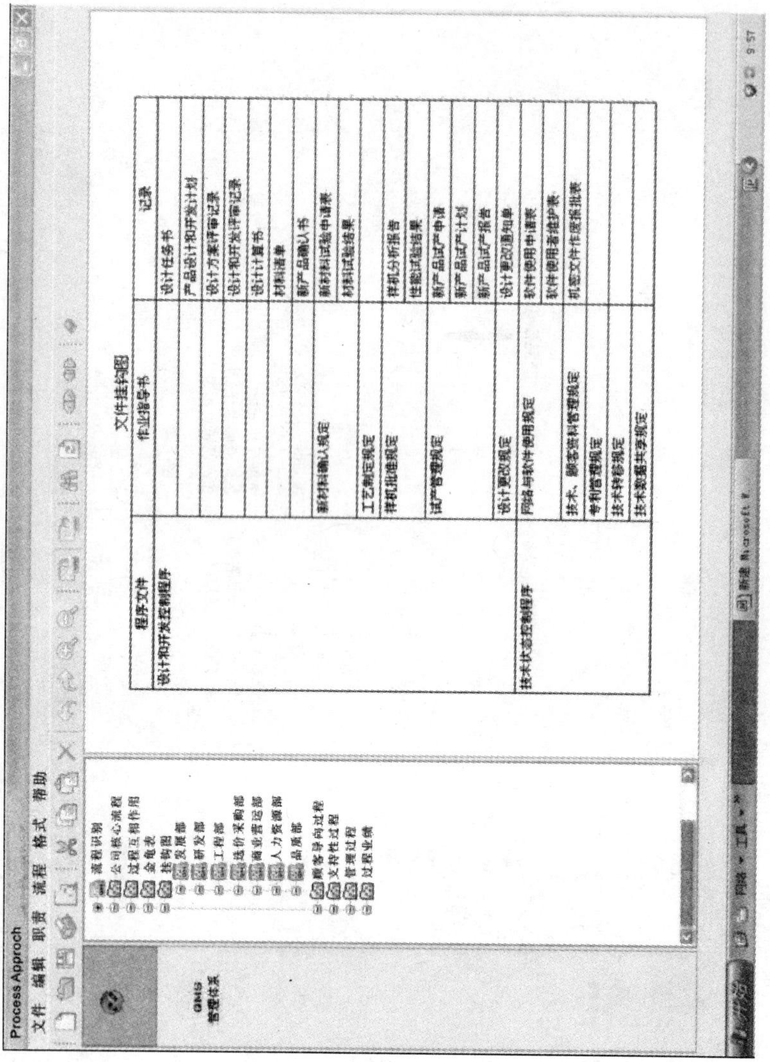

Process Approch

文件 编辑 职责 流程 格式 帮助

QMS
管理体系

流程识别
公司核心流程
过程互相作用
金龟表
挂钩图
发展部
研发部
工程部
造价采购部
商业营运部
人力资源部
品质部
顾客导向过程
支持性过程
管理过程
过程业绩

文件挂钩图

程序文件	作业指导书	记录
设计和开发控制程序		设计任务书
		产品设计和开发计划
		设计方案评审记录
		设计和开发评审记录
		设计计算书
		材料清单
		新产品确认书
	新材料确认规定	新材料试验申请表
		材料试验结果
	工艺制定规定	
	样机批准规定	样机分析报告
		性能试验结果
	试产管理规定	新产品试产申请
		新产品试产计划
		新产品试产报告
	设计更改规定	设计更改通知单
技术状态控制程序	网络与软件使用规定	软件使用申请表
		软件使用者维护表
	技术、顾客资料管理规定	机密文件作废报批表
	专利管理规定	
	技术转移规定	
	技术数据共享规定	

网络 ▾ 工具 ▾ » 新建 Microsoft W... 9:57

图 4-12

Process Approch
文件 编辑 职责 流程 格式 帮助
流程优化
QMS
管理体系
流程识别
公司核心流程图
过程互相作用
输入输出表
挂钩图
顾客导向过程
支持性过程
管理过程
过程业绩
发展部
研发部
工程部
造价采购部
商业营运部
人力资源部
品质部
98
96
94
92
90
88
86
84
1月
2月
3月
4月
5月
6月
7月
8月
9月
10月
11月
12月
系列1

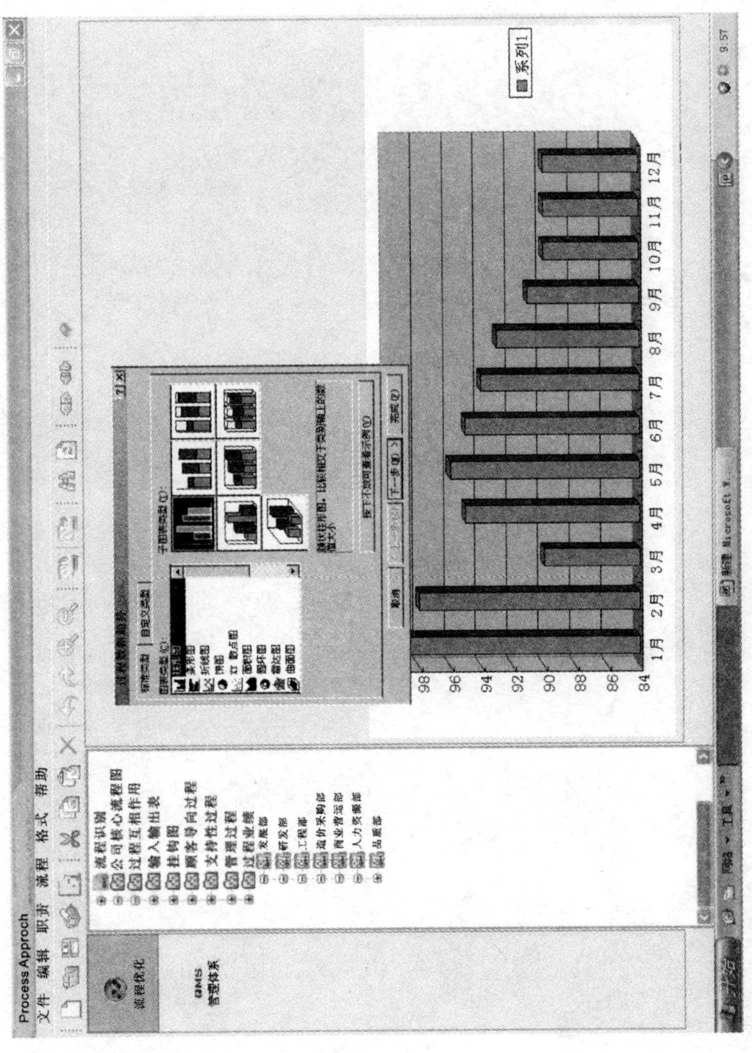

图 4-13

第五章 过程业绩

业绩考核就是以结果论英雄，而所有的结果都是由过程产生的，过程又是各部门的纽带，故面向过程的业绩考核才能很好地解决部门间的协作问题，也就是考核「过程业绩」比考核「部门业绩」要科学得多。

一、过 程 业 绩

如何进行有效的业绩考核是很多组织正在深思的问题，如果我们认同“所有的结果都是由过程产生的”这一观点的话，那么对过程业绩的考核就是最科学的业绩考核。

要合理确定过程业绩，首先就要合理确定金龟图上的准则，它是衡量金龟图上其他要素的，见图 5-1。

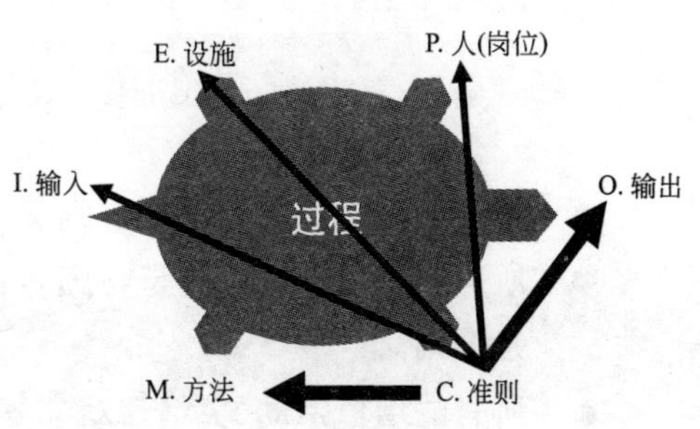

图 5-1　过程准则

准则可以是：

1）目标——衡量过程总体结果；

2）指标——衡量过程中间结果；

3）原则——衡量行为的准则(将在第七章介绍)；

4）要求——衡量过程各环节的结果。

目标、指标、要求的含义，见表 5-1。

表 5-1　目标、指标、要求的含义

	过程目标	过程指标	过程要求
定义	过程追求的目的	过程阶段性的定量要求	过程明示的需求和期望
特点	• 争取做到 • 定量或定性	• 必须做到(或者叫硬性指标) • 定量	• 必须做到 • 定量或定性

续表 5-1

	过程目标	过程指标	过程要求
特点	• 无论过程如何复杂都归结为一个目标，它为过程设定了预期的效果，这既是控制的源头，也是控制的归结	• 是目标的细化，只有确保局部做好了才能确保目标的达成	• 是目标或指标的细化，只有确保细节做好了才能确保目标和指标的达成

注：隐含的要求不在此范畴，例如义务。

规定准则的原则

- 所有的输出都要有衡量准则。
- 所有接口的活动特别是与顾客接口的活动都要有衡量准则。
- 所有的增值活动、关键活动都要有衡量的准则。
- 输入的信息、设备以及岗位的设置如有可能也应有衡量的准则。

例如：

针对过程的结果规定目标

针对输出规定可衡量的准则

过程名称	过程职责	输入	输出	指标/要求	目标
合同评审过程	市场部	1. 定单交付时间 2. 定单数量要求	1. 生产计划	1. 月底 25 号前完成 2. 计划完成率大于 92%	1. 合同评审有效率 90% 2. 履约率 93%
	生产部	1. 生产记录 2. 生产能力	1. 生产记录	1. 当天提交下午 4 点半前提交	
			2. 生产能力	2. 每半年调整一次提交	

续表

过程名称	过程职责	输入	输出	指标/要求	目标
合同评审过程	研发部	1. 顾客质量要求 2. 顾客图纸 3. 顾客样板	1. 性能参数要求	1. 顾客的要求已经转化为可测量的要求	1. 合同评审有效率90% 2. 履约率93%
			2. 尺寸要求	2. 能辨别关键尺寸和一般尺寸	
			3. 外观要求	3. 抽样三个操作者中至少能让两个明白	
	品控部	1. 顾客质量要求	1. 产品接受准则	1. 不超出测量能力的当天答复	

可见，**过程业绩就是金龟图上“准则”的满足程度。**

只有对所有的过程输出都规定了评价准则，才真正地奠定了科学的业绩和持续改进的基础，这就是**以过程的输出决定业绩**的过程方法。如果真做到了这点组织就已经是一个非常成熟、反应非常敏捷的组织了，但是这需要经历相当长的时间，不是三五年能完成的。

一旦过程被确定就成为常规性过程，其特点是具有重复性，评价时就需要考察其重复的数据及稳定性，也就是说，**过程的一组数据及其趋势就是过程业绩**，是准则满足程度的反映，例如图 5-2：

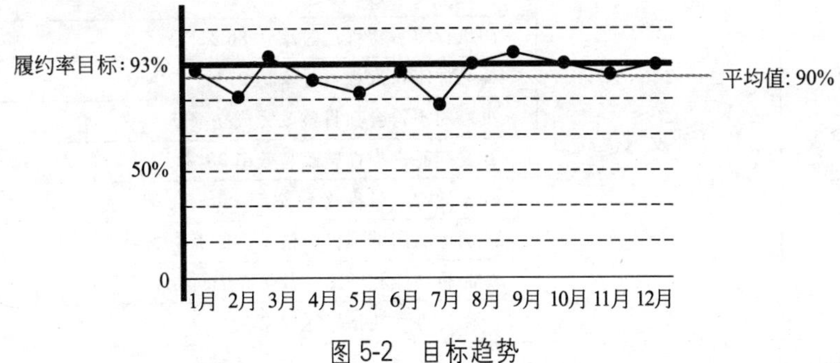

图 5-2 目标趋势

业绩优化原则

- 优化业绩不如先优化业绩评价的基础。
- 优化业绩评价的基础不如先优化战略。

二、过程目标

针对公司和部门去定目标，这是过去的做法，而现在则是针对过程，这是最合理的和最具操作性的，这也是流程优化和完善的基础。见图 5-3。

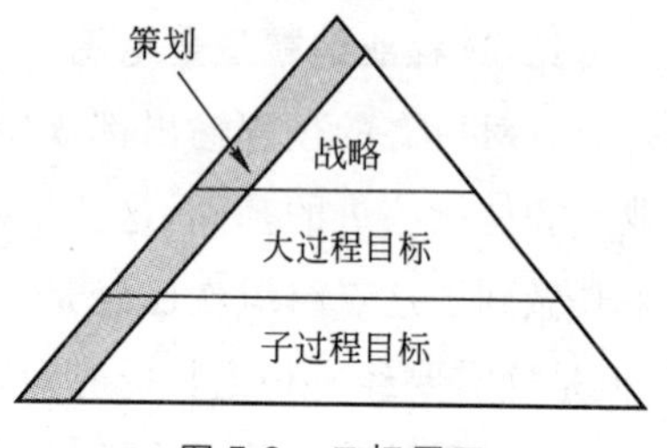

图 5-3 目标展开

目标来源于战略，章鱼图上的过程为大过程，这些过程都需要确定目标或指标。

例如：

过程	目标	目标分解
开发过程	产品开发一次成功率 90%	开发进度达成率 90%
		图纸评审一次性通过率达 86%
		样品评审一次性通过率达 90%
		批产前不符合项目整改完成立率 98%
		开发产品一次性整改有效率 88%
		开发异常质量事故不多于 10%
		试制产品测试项目合格率不低于 90%
		产品新功能和性能参数优胜于同行不低于 4 项
		产品的可靠性指标达成率 98%

续表

过程	目标	目标分解
制造过程	一次装机合格率98%	自错率不高于3%
		部品下线率不高于2.5%
服务过程	顾客满意度达98%	服务项目达成率85%
		回访率不低于80%
		年内退货次数不多于5次
		产品可选择的品种不少于65种
		产品准时交付率达99%
		年内售后服务三包承诺没能及时兑现的不超过3次

子过程是目标分解的主要理由。目标分解大多不是数学关系而是逻辑关系。分解的目标要经过协调，例如，同样是成本目标，生产部、设计部和财务部的内涵和表达方式是不一样的，这是因为出于各自的需要和专业的差别，如果没有经过协调就容易出现目标矛盾的现象。

合理制定目标的原则、要求和限制条件见表5-2。

表5-2　制定目标的原则、要求和限制条件

原则	要求	限制条件
1. 与资源相适应，忌大话 2. 切合实际，忌空话 3. 数据支持，忌虚，忌保守 4. 部门质量目标两三个为宜，忌多 5. 确保目标相互关联，如果目标的分解不能建立数学关系，则至少应有逻辑关系 6. 对于外部竞争，宁高勿低 7. 对于内部改进，宁低勿高，循序渐进	1. 与方针保持一致 2. 具体 3. 可测量 4. 在规定的时间内可实现 5. 如果目标的含义不明确就要作出定义或说明 6. 要有测量和便于统计的方法 7. 按重要程度进行排列 8. 要有目标实现方案	1. 不能将要求当作目标 2. 不能将义务当作目标 3. 不能将职责当作目标 4. 不能将指标特别是国家规定的指标当作目标 5. 不能用"100%"或"0"表示目标 6. 不能使用"≥"或"≤"符号表示目标 7. 不加限定词："尽量"、"最大限度"、"原则上" 8. 不能与规定的原则相违背

目标可定量和定性，但不管是定性的还是定量的都应是可测量的，例如：

目标内容	定性目标	定量目标
顾客满意	很满意（可通过调查进行统计证实）	顾客的满意度为95％
工程质量	获省优工程（有证书证实）	省优各项指标（略）
体育成绩	获得世界冠军（有金牌证实）	在一年内获得十米跳板、100米自由泳和蛙泳三项世界冠军
某产品开发	通过技术监督局鉴定（有鉴定书证实）	在一年通过技术监督局鉴定，其中有三项性能指标超过同行

当针对特别事项而制定目标时，就需要另外制定实施方案去保证。

以下的目标不妥：

- 确保100％的测量仪器都经过校准

评注：

所有的测量仪器都要经过校准才能使用，这是要求，要求不能作为目标。类似的有，“保证不合格的原料和半成品100％不投入使用”。

- 饮用水含铅量不能超过0.05 mg/L

评注：

这是国家规范强制性指标。又如，“生活区空气的 SO_2 浓度不能超过0.5 mg/m^3”。指令性指标不能作为目标，强制性的指标不能作为目标。目标要争取做到，指标必须做到，所以不能将指标作为目标去追求。

- 实现利润最大化

评注：

不可测量，写了等于白写。类似的有：“提升公司的竞争力”、“保证内部沟通畅通”。

● 对外信息沟通有效系率达到 90%。

评注：

有些目标的意义不大，却需要花很多时间在统计上。类似的有："服务台员工回答顾客问题的错误率不高于 5%。"

● 顾客投诉的处理率 84%

评注：

顾客所有的投诉都应百分百处理，改为："顾客投诉处理有效率 84%"。

● 两天内办完过户手续

评注：

这是要求，不是目标。类似的有："接到火警电话后消防车在 10 min 内到达现场"、"做到库存物品账、物、卡一致"、"收到图纸后 5 天内完成工艺的编制"。

● 降库存

评注：

空话。类似的有，"提高质量，降低能耗"、"更新、更远、更高"。

● 生产计划完成率 100%

评注：

该目标不成立，有以下原因：

1）目标到顶了，看不出持续改善的过程；

2）"100%"和"0"都是绝对值，而任何目标都只能是相对值。

● 设计图纸要 100%经过评审

评注：

设计图纸要经过评审已经成为惯例。惯例也不能作为目标。类似的有，"收到现款后要 100%入账"。

● 搞好生产

评注：

义务不能作为目标。又如：降低成本——义务；本年内降低成本

3%——目标。组织的义务也不能作为目标。例如,治病救人是医院的义务,“确保病人 100%得到治疗”的目标不成立;保管保险合同是保险公司的义务,“确保不丢失一份保险合同”的目标不成立。

● 产品交付准时率大于 93%

评注:

大于 93%表示:从 93%至 100%这个范围内有无限个目标。如下图:

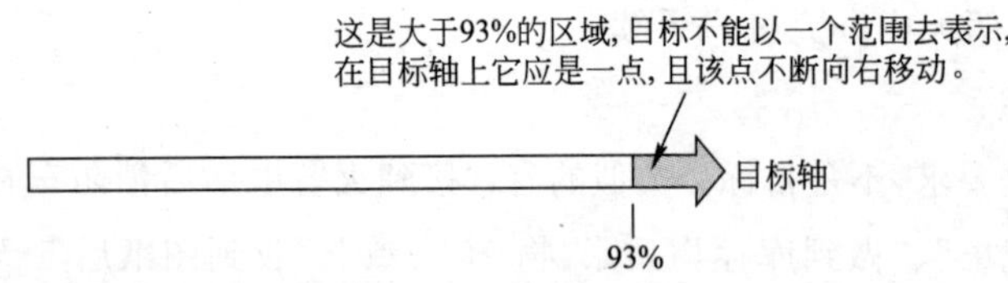

违反了目标唯一性原理,故目标不成立。目标不能用“大于”的字眼或“≥”的符号表示。应改为:“产品交付准时率 93%”。同理,目标不能用“小于”的字眼或“≤”的符号。

● 工时定额的置信度达 90%

评注:

目标应尽量避免使用专业用语,宜改为“可用的工时定额达 90%”。

● 质量达到国际同行领先水平

评注:

这一目标来自一家非常普通的电器厂,它与同行水平相比还相差很远,资源与目标又不匹配,使目标变成了口号。雄心壮志不能解决目标问题。

三、过 程 指 标

合理制定指标的原则、要求和限制条件见表 5-3。

表 5-3　制定指标的原则、要求和限制条件

原则	要求	限制条件
1. 基于数据，留有余地 2. 逐步将定性的准则变为定量	1. 定量，可以是一个值，也可以是一个值的范围 2. 如果指标含义不清楚就要作出定义或说明 3. 要有测量和便于统计的方法 4. 目标达到“100%”或“0”后要转为指标 5. 如果过程能力充分，指标使用“大于”、“高于”、“以上”、“至少”、“小于”、“低于”、“以下”、“在…之内”的字眼或“≥”和“≤”的符号表示 6. 如果数据低于指标就要分析原因采取措施	1. 不能低于法律法规的指标 2. 不能低于顾客的指标

与时间有关的指标通常就是效率指标，如：

- 交付周期；
- 设计开发周期；
- 生产周期；
- 设备利用率；
- 库存周转率；
- 供应商供货周期；
- 投诉处理时间；
- 售后服务跟进时间；
- 技术更新时间；
- 资料处理时间；
- 数据获取时间；
- 应急事件处理时间；
- …

这些指标反映了组织的反应能力和竞争力。

四、过程要求

过程要求有三种：

1）法律法规要求；

2）顾客要求；

3）组织要求。

这些要求反映在过程中时就是“管理要求”或“产品要求”（或质量要求），其中管理要求是程序的重要内容，专门阐明“要求”的文件就叫“规范”，例如，技术规范。

合理规定要求的原则、要求和限制条件见表 5-4。

表 5-4　规定要求的原则、要求和限制条件

原则	要求	限制条件
1. 针对过程特性 2. 针对过程的输出 3. 针对过程活动 4. 先满足法律法规要求，然后满足顾客要求，最后才满足组织的要求 5. 能定量的不定性 6. 能具体的就不泛指，能细则细 7. 无标准的向标准靠拢，有标准的就贯彻“略高原则”，至少以标准为底线 8. 对内严于对外，如果顾客满意在 5 天内到货，我们就要制定 4 天 9. 唯一性，包括用词及其含义的唯一性	1. 表示很严格，非这样做不可的用词：正面词采用“必须”，反面词采用“严禁” 2. 表示严格，在正常的情况下均应这样做的用词：正面词采用“应”，反面词采用“不应”或“不得” 3. 表示允许稍有选择，在条件许可时首先应这样做的用词：正面词采用“宜”或“可”，反面词采用“不宜”	1. 不使用“最好”、“一般”、“希望”、“原则上”、“尽可能”等弱化要求或不明确的修饰语 2. 涉及时间的要求避免使用“及时”、“马上”的字眼

要求可定性和定量，例如：

序号	定性要求	定量要求
1	垂直	在 1 m 垂直尺上允许偏差 2 mm
2	透光	透光率 88%
3	安静	50 dB 以下
4	舒适	6 h 内不感到疲劳
5	明亮	光照度 lx120
6	认真	每月单据填写不允许出现 2 处错误
7	及时	半小时内完成
8	准确	1 min 打 150 字错字不超过 3 个

定性向定量发展，这是过程优化的重要内容。从原理上讲任何东西都可以量化，例如，风力的大小可分 12 级来表示，颜色的深浅可以用光谱的波长来表示。不过，考虑到测量的难度和成本保留一些定性的要求是合理的。这时，要求就要尽可能地具体，例如：

	泛指的表述	具体的表述
对行为的要求	热情	亲切招呼，说话和气
	端庄	仪表大方，态度和蔼
	主动	语言在先，行动在先
	耐心	有问必答，百问不厌
	周到	事无巨细，样样想到
	文明	请字当头，得理让人
	礼貌	文明用语，谦虚恭敬
	卫生	柜台内外，保持整洁

显然，要求的不同表述将对行为的约束产生不同的效果。

有些要求可以通过定义加以明确，如：

序号	要求	定义
1	三清两齐	数量清、材料清、规格清;库容整齐,物料摆放整齐
2	三符	账、物、卡相符
3	五十摆放	各种物料品种以五、十的单位进行摆放
4	五讲四美	讲诚信,讲道德,讲意识,讲创新,讲协作;服务美,形象美,语言美、行为美
5	三大纪律八项注意	三大纪律:一切行动听指挥,不拿业主一针一线,一切馈赠要归公。 八项注意:说话和气,收费公平,借东西要还,不损公司名声,不打压价格,不损竞争对手,不近色情场所,不虐待供方
6	朝向正确	指南向或东南向
7	装修豪华	费用在 5 000 元/m^2 以上的装修
8	微笑	笑不露齿

对于产品要求如果不能量化至少是可测量的,如:

序号	不可测量的要求	可测量的要求
1	干净	肉眼看没灰尘 用手一擦没灰尘 套上白手套一擦没灰尘 套上白手套擦一米没灰尘
2	表面光滑	无阻手感
3	排水无污染	以水养鱼,半年内鱼不脱鳞,一年内鱼无畸形
4	无毒	用老鼠试吃
5	无明显异味	用狗去嗅
6	接茬无开缝	距 1 m 处观察看不到开缝
7	视觉良好	视线范围均能看到正面
8	颜色适中	色板对照
9	无色盲	用标准的色盲图案测试
10	偏碱性	用 pH 试纸测试

产品要求确实不好定量就最好分成级别，如：

项目	要求级别		
	1	2	3
家俱布置	门窗位置适当，不防碍家俱布置	门窗位置适当，墙面完整，有利灵活布置家俱	门窗、暖气片位置适当，墙面完整家俱布置灵活，并具备多种功能
阳台设置	阳台设置基本符合规范要求	阳台面积适宜，位置较好	阳台面积和位置均好、晾晒、纳凉、绿化等使用方便
厨房布置	符合操作流程，贮藏的设置及排烟气尚可	直接采光，符合操作流程，贮藏及排烟解决较好	直接采光，操作流程简捷，贮藏及排烟解决良好
采光	卧室起居室为直接采光，窗地面积比为 1/7	采暖地区朝南的卧室、起居室直接采光窗地面积比≥1/7<1/6	直接采光，采暖地区卧室、起居室窗地面积比<1/5
通风	通风线路不曲折	对角通风	线路短直，通风流畅
保温(隔热)	符合《民用建筑热工设计规程》	符合热工和节能规范或标准的要求	保温、隔热、节能解决良好
隔声	分户墙与楼板的空气声隔声标准≥40 dB，但<45 dB	分户墙与楼板的空气隔声标准≥45 dB，但<50 dB	分户墙与楼板的空气声隔声标准≥50 dB
安全措施	防火、防盗、防触电等措施解决尚可	防火、防盗、防坠落、防触电等措施解决较好	防火、防盗、防坠落、防触电等措施解决良好

要求被公认就成为标准。要求向标准发展是组织成熟的标志，因为：

1）标准重点针对的是结果而不是过程；

2）任何标准都是新的起点；

3）针对市场大于组织。

要求的反面就是不符合，即我们不期望出现的现象，例如“账、物、卡相符”其反面就是“账、物、卡相不符”；“要做什么”的反面是“不要做什么”，所以要求的反面通常是无须明示的。

有些要求是在义务中反映的，义务也无须明示，例如：

- 保险公司的如实告知义务，解释义务；
- 律师要对当事人的有关证据进行保密的义务；
- 医院不能公开病人隐私的义务；
- 产品涉及安全使用时组织就有安全的标识或说明的义务；
- 航空公司误机要负责乘客的住宿和就餐的义务；
- 市场上食品不符合卫生标准就组织就有招回这些产品的义务。

以下的要求不妥：

- “还欠款 3 万元”

评注：

该要求的含义不是唯一，因“还”字是多音字，这样就有两个意思：一是将 3 万元还了；二是还欠 3 万元。

- “不得留长头发”

评注：

“长发”不明确，改为，“留长头发不得长于耳朵”。

- “做定期或不定期的回访”

评注：

使用“或”的时候通常使要求模棱两可，改为，“每月回访不少于两次”。

- 做到最好

评注：

不可测量。又如，“努力生产合格产品，坚决不流出不合格品”。

五、与业绩相关的过程因素

尽管过程业绩是以结果论英雄，但我们不能忽视过程的作用，以下几个概念与业绩密切相关：

1）过程符合性；

2）过程增值；

3）过程效率；

4）过程有效性。

如果它们出现问题就无从谈业绩。这几个概念见表 5-5。

表 5-5 与过程业绩有关的几个概念的比较

	过程符合性	过程增值	过程效率	过程有效性	过程业绩
性质	过程的活动或输出与准则比较，过程结束后可得出结论	输入与输出的价值的比较，过程结束后可得出结论	投入与产出的关系，过程结束后可得出结论	实际结果与预期结果的比较，过程经过一段时间后才能得出结论	不断与上次结果比较，所以需要一组结果，过程经过一段时间后才能得出结论
特点	定量和定性的测量	定量的测量	定量的测量	定量和定性的测量	定量和定性的测量
	针对过程的活动和输出	针对方法，即以方法为导向	针对方法，即以方法为导向	针对方法和结果但方法要为结果服务，即以结果为导向	针对结果，即以结果为导向
	不一定产生效益	一定产生效益	包括过程增值	包括过程符合性、过程增值和过程效率	包括过程有效性

可见，过程有效性和过程业绩意思相近，有时可以替代过程业绩，因为都是以结果为导向的。

在绩效管理上，应遵循以下的原则。

业绩优化原则

- 先确保符合性才确保有效性。
- 先确保增值才确保效率。
- 先确保有效性才确保效率。
- 先确保有效性才能确保过程业绩。

有效率的过程其方法一定是适宜的，适宜的过程一定是可控的，有效的过程一定是可测量的，可信的过程其业绩一定是稳定的。

六、过程符合性

“符合”的定义是：满足规定要求。过程的活动和输出满足规定的要求（准则）就是过程符合性。

要确保过程业绩首先要确保过程符合性，特别法律法规的符合性。有时过程符合法规要求是不产生效益的，尽管如此，我们也认为满足法律法规的要求也是一种业绩。

解决符合性是容易的，解决有效性就难得多，过程的优劣最终体现在有效性上。

七、过 程 增 值

过程增值是指，输入与输出之间发生了一个增量，电视输入的信号经过转化后成了图像和声音，图像和声音就是增值的表达方式。确切地说，过程增值的意义在于反映过程结果的方式被接受了。所以，当我们策划的预期结果符合别人的期望时，那么，当过程的进展逐步向这一结果逼近时，任何过程都是增值的。显然，过程增值要等过程完成后才能被证实，但要有三个前提：

1）输入和输出已经发生转化；

2）过程的结果是别人需要的（或是下一过程的需要）；

3）过程的结果得到承认。

为此，我们首先应将人们公认的价值观或顾客的需求变成可衡量的准则——过程的价值尺度，它是引致我们必须规定某一过程去达到预期目的的根本原因，只要我们将这些准则规定在过程的结果上便赋予了过程增值的意义，过程便具有价值，一旦过程的结果被证实符合这些准则，过程便增值，见图 5-4。

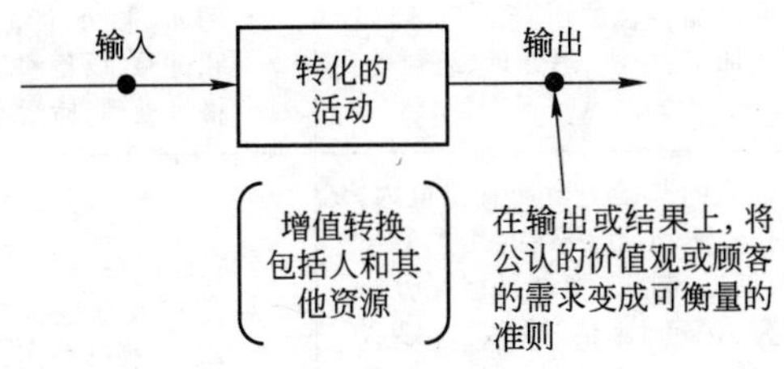

图 5-4　过程增值的表示

例如，我们从 A 站乘车到 B 站发生了位移，因耗用了资源（汽油、人工等),我们就要付车费,这是由公认的价值观决定的,而收费标准就是衡量乘车过程增值的准则。同样,当我们愿意接受电视机这一产品并愿意付款购买时,围绕实现这一产品的所有过程才都具有增值的意义。

过程具有时间性,增值是一个渐进的叠加的过程,过程的时间越长,**增值应与时间成正比**,否则过程就存在不合理的因素。

如果要对过程增值进行优化,**就必须以顾客的需求或下一过程的需求为导向**,这也是过程增值的条件。既然如此,那么增值就不能以凝聚了多少劳动时间来计算了,而是以满足需求的程度来计算。

不过,不是全部过程都增值的,有时,某阶段的过程是负增值的,例如储备研究就可能要经历几年或更长的时间,只有结果出来后并且能够以弥补所耗费的资源的形式得到交换,这时所有已经完成的过程才算是增值的。这些过程我们叫"预付过程",所有的预付过程都是风险过程、赌博过程。

过程由"增值活动"和"非增值活动"构成,非增值活动主要是辅助增值活动的。判断"增值活动"和"非增值活动"可参考下表 5-6。

表 5-6 "增值活动"和"非增值活动"的判断

	增值活动	非增值活动
产品	• 改变产品特性的所有活动,例如,机械加工、冲压、热处理、组装等	• 没有改变产品特性的所有活动,例如,采购、产品贮存、产品检验和试验、设备和工装的管理、不合格批处理、搬运等
信息	• 在输入的基础上增加有价值内容的任何活动,代表性的用词有:组建、编制、制定、策划、设计、分析、研究、评审、评估、确认、总结、填写、录入等 • 为满足要求而改变输入或输出状态的任何活动,代表性的用词有:修改、改进、整理、处理、分类、归纳、汇总等	• 没有改变输入或输出状态的活动,代表性的用词有:监视、检查、审核、批准、移交、发送、存档、协调、沟通、回复、通知等

过程没有增值活动是没有意义的，优化过程就是完善和增加增值活动，减少非增值活动，或将非增值活动转化为增值活动，使非增值活动不要超过30%。

八、过程效率

因过程要将输入转化为输出，故存在效率的问题。效率的定义是：达到的结果与所使用的资源之间的关系。

直接的提法是：投入与产出的关系，也就是资源与结果的关系，见表5-7。

表5-7　效率的表述

NO	资源名称	效率的表述		效率分类
1	人	投入了多少人力得到什么结果，如，劳动效率	效率$=\frac{\text{产出}}{\text{人}}$	人的效率
2	设施	投入了多少设施得到什么结果，如，设备效率	效率$=\frac{\text{产出}}{\text{设施}}$	设施的效率
3	方法、技术	用了什么方法得到什么结果，如，办事效率、设计效率，供应效率	效率$=\frac{\text{产出}}{\text{方法}}$	方法效率
4	信息	利用什么信息得到什么结果，如，投资效率，计划效率	效率$=\frac{\text{产出}}{\text{信息}}$	信息效率
以上资源组合		投入那些资源得到什么结果，如，生产效率，营销效率	效率$=\frac{\text{产出}}{\text{投入}}$	总体效率

在满足预期结果的前提下，资源得到充分利用，输出率最高就是最

佳效率。

过程效率优化原则

- 对于管理过程，先优化信息，其次是方法，最后是设施。
- 对于业务过程，先优化信息，其次是设施，然后是技术和方法，最后是人。
- 对于一次性过程，先考虑的是人，其次是方法或设施。
- 其他类型的过程可根据具体情况确定资源优化的次序。

实施过程有两种可能：一是由人来完成；二是当人不能完成时就由设施来完成。人的因素起决定作用的过程就叫做“软过程”，这些过程可塑性大；设施因素起决定作用的过程就叫做“硬过程”，这些过程的可塑性小。实际上这两种可能会经常发生在同一个过程中，只是所占的比例不同而已，那么：

1）由人完成的部分具有应变能力，可以处理一些复杂的活动，所以人的能力是资源配置的首要考虑；

2）由设施完成的部分没有应变能力，应用于简单的且频率高的活动上，这时设施是资源配置的首要考虑。

效率存在于组织的任何过程中，是量化的概念，只有过程的输入和输出做到定量才能计算效率，它为过程的有效性提供了一个可评价的基础。过程效率分“管理效率”和“技术效率”两种，如策划效率、投资效率、销售效率、资金周转率便是管理效率；设备效率、工艺效率、设计周期、生产周期等便是技术效率。

要提升整体效率，必须识别“重复率高的过程”，这些过程是效率提升的主要对象，如生产过程、业务过程等，对于这些过程的优化的原则如下：

过程效率优化原则

- 处理复杂的且需要应变能力的活动，人的能力是资源配置的首要考虑。
- 处理简单的且频率高的不需要应变能力的活动，设施是资源配置的首要考虑。
- 没有逻辑顺序的非增值活动提前完成。
- 共享的信息要预先贮存。

在单个过程的效率中，在第三章中已经提到，标准化效率是最高的，要提高过程效率，就要减少过程活动的可变因素，它的过程优化原则可以理解为过程效率优化原则：

过程效率优化原则

- 要提高过程效率就要减少活动的可变因素，或设法将可变因素固定下来。
- 要使过程稳定和受控就要将最小单元的活动向标准过渡，至少关键的活动要标准化。
- 标准紧随过程步骤，且标准细化在先，步骤细化在后，最后达到所有步骤都标准化。

九、过程有效性

从金龟图的要素上讲，过程有效性有：

1）资源的有效性；

2）信息的有效性；

3）方法的有效性；

4）评价准则的有效性。

药起到预期的治疗作用我们就说这药是有效的，过程也一样，过程的预期结果达到了我们就说过程是有效的。有效性是组织管理所追求的目的。有效性的定义是：完成策划的活动和达到策划结果的程度。

根据定义，按预先策划的方法完成作业，并与策划的结果进行比较所得到的满足程度就是有效性。为达到策划的预期结果，就要对方法进行策划，例如：

内容	策划的预期结果	方法
货运	安全、快速、准确	将零散装运改为集装箱装运
技术资料管理	能及时找出每一产品的设计资料	设计资料按产品分类取代按性质分类
培训	能准确及时找出员工的培训记录	培训后将培训签到的记录立即录入个人的培训档案
卡拉OK点歌	能及时找出所喜爱的歌手的歌	按歌手的名字进行篇目取代按字数编目的方法
存货	盘点快速、准确	对于管材，用一次容纳一百的三角架存放；对于其他材料，要五、十摆放
编写商务函	能及时、准确找出串错的英文单词	利用电脑软件的自动搜索功能

故此，所有的过程都是人为的，都是事先策划的，很多过程问题都可以追溯到当初策划的方法上。有效的策划方法是：

1）策划过程的预期结果——规定过程预期功能、目的、目标、指标；

2）策划过程——规定过程的三要素：输入、输出和方法。

一旦过程被确定，那么我们只能在规定的游戏规则下处事，并在规则下去判断有效性。如果过程无效，过程优化便可以这样考虑：

1）检讨预期结果是否来自组织的战略和顾客的需求；

2）以预期结果检讨输入；

3）根据前面两项去检讨方法。

此外，优化不能脱离组织的环境和基础。当经营环境改变导致过程的目的发生改变时通常方法相应就要改变。由于可以采用不同的方法去获得相同结果，因而所获得的有效性的"程度"就不同，从原理上讲应存在一条最佳的路线，如图 5-5 中的路线 1。过程优化就是试图找到最佳的路线，也就是说找一种最适宜的最有效的方法。

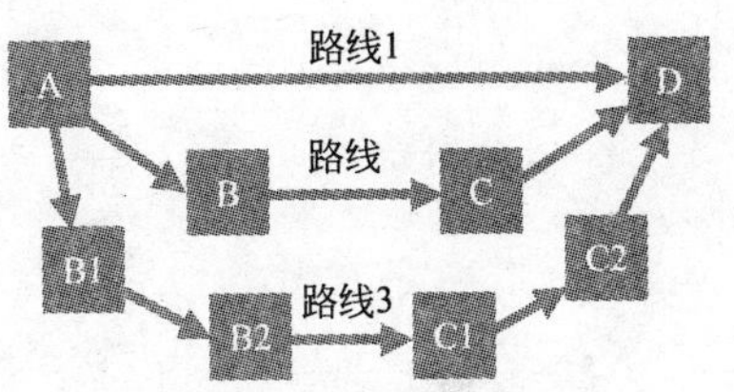

图 5-5　有效路线

图 5-5 有三种方法抵达目的地，显然不同的方法会得到不同的效率，所以只有通过对效率的计算和比较才能证明方法的合理性和有效性。不过，"高效"不一定"有效"。有效性针对的是结果，效率针对的是方法，方法永远为结果服务，即效率永远为有效性服务；如果过程的结果不是我们需要的，效率反而起反作用，效率越高破坏力就越大，所以效率必然与有效性联系在一起才算是真正的效率。所以，**首先确保过程的有效性，然后才确保过程效率**。这是过程优化的一个原则。

第六章 过程控制的四个层次

我们认为「结果控制」重于「过程控制」。以结果为导向的管理会使复杂的过程变得简单，也可以帮助我们祛除很多垃圾文件。先简化后优化——这是过程优化的重要原则。

一、控制的四个层次

对组织而言，控制有四个层次：

1）方向；

2）原则；

3）要求（在第五章已有详细阐述）；

4）程序。

图 6-1 表示上层比下层简单，下层是上层的展开，它们的顺序也是重要性的顺序。程序是排在最后的，也就是说，程序多并非好事。

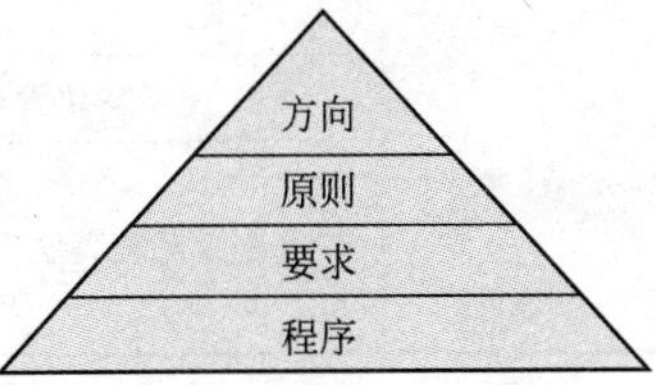

图 6-1　控制四个层次

用金龟图表示四个层次（图 6-2）：

它们的性质见表 6-1。

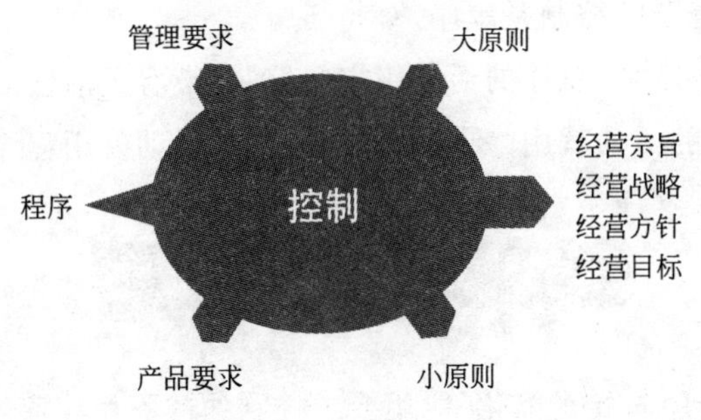

图 6-2　控制四个层次展开

四个控制层次中最难定的是方向，其次是原则、要求，最容易的是程序。控制的难度则反过来：

表 6-1　方向、原则、要求和程序的性质

<table>
<tr><th>控制层次
性质</th><th>方向</th><th>原则</th><th>要求</th><th>程序</th></tr>
<tr><td>定义</td><td>组织经营的根本目的</td><td>指导言行的准则</td><td>明示的、必须履行的需求或期望</td><td>为过程规定的途径</td></tr>
<tr><td rowspan="6">性质</td><td>预期结果</td><td>为结果提供保证</td><td>规定的结果</td><td>为结果提供保证</td></tr>
<tr><td>定性和定量</td><td>定性</td><td>定性和定量</td><td>定性和定量</td></tr>
<tr><td>争取达到</td><td>自选动作，具有灵活性</td><td>必须达到</td><td>规定动作，具有规范性</td></tr>
<tr><td>宏观控制</td><td colspan="2">介于宏观控制和微观控制之间</td><td>微观控制</td></tr>
<tr><td colspan="2">变化管理</td><td colspan="2">基础管理</td></tr>
<tr><td colspan="2">重点针对较高层次的管理人员</td><td>重点针对中层管理人员</td><td>重点针对基层作业（或业务层次）人员</td></tr>
</table>

——最简单的控制是方向；

——最灵活的控制是原则；

——最严格的控制是要求；

——最复杂的控制是程序。

说白一些就是，总体的活动用方向控制，带有灵活性的活动就用原则控制，简单的活动就用“要求”控制，复杂的活动就用程序控制。

过程简化原则

- 程序向要求简化，能用要求控制的就不用程序。
- 要求向原则提炼，能用原则控制的就不用要求。
- 要求向目标提升，能用目标控制的不用要求。

过程优化基本原则

- 先简化再优化。
- 将复杂的过程分解到最简单的活动，然后再分工。
- 将目标分解到要求，然后再由活动分担。

简单而又达到效果的过程是最有效率的，因而也是最科学的。1776年亚当·斯密在《国富论》中就提出了一个重要的概念：将复杂劳动分解成一系列小的活动，然后再分工，使不懂技术的人去完成这些简单的活动。这一概念的应用使生产效率得到了很大提高。

过程简化原则

- 能用活动完成的事就不用过程。
- 能用过程完成的事就不用体系。

图6-3就是过程简化的路线。

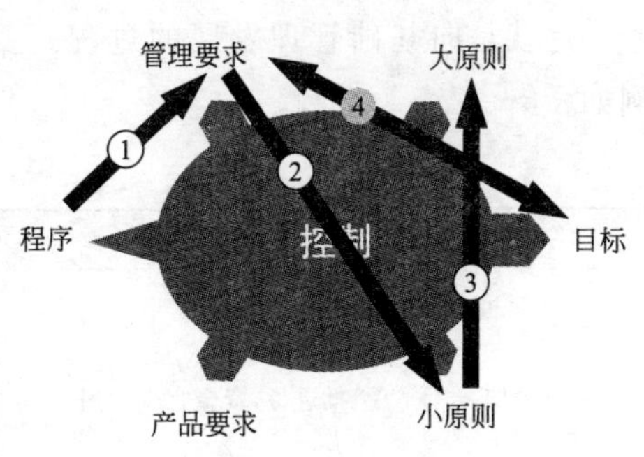

图6-3 过程简化路线

如图6-3所示，箭头方向就是简化方向。成熟的要求常被视为组织的“标准”，它代表了企业的管理水准。“标准”比“程序”更重要，因为有了标准就意味着大家都有评判的依据，就可将审批权下放，简化审批程序，过程的响应速度就快得多。

方向、原则是变化管理，即灵活性；要求和程序是基础管理，即规范性。不管组织的基础如何成熟，方向和原则的控制所占的比例不会少于20%，但却实现了80%的控制。

完全依赖规范是危险的，因为规范就意味着限制，而总有限制不到的地方，这时方向、原则就管用。方向和原则是创立一种超越规范的组织环境，是组织文化建设的基础，也就是说组织文化比规范更重要。四个层次的控制也是解决规范性与灵活性的矛盾的。

二、四个层次的总体关系

控制的四个层次从上到下显示了组织走向基础管理的过程，从下到上显示了组织走向成熟的过程——这是任何一个组织都在遵循的规律。

从抽象到具体的过程：

原则——→定性要求——→定量要求

这就是向基础管理发展的过程。要求比原则更为严格和具体，例如：

原则	定性要求	定量要求
勤进少储	小批进货，资金宜少占用	A类物料每次进货不得超过100万元，货存不得超过1 000万元；B类物料每次进货不得超过50万元，货存不得超过500万元；C类物料每次进货不得超过10万元，货存不得超过100万元

续表

原则	定性要求	定量要求
以教育为主，惩罚为辅	员工出现问题，教育，教育，再教育；中层管理人员出现问题，培训，培训，再培训；高层管理人员出现问题，提高，提高，再提高	员工被罚款不应超过培训费用的10%；管理人员被扣奖金不应超过培训费用的20%
以人为本	关心员工的需求，平等对待员工；不要看他有什么短处而要看他有什么长处，不要看他做错了多少而要看他做对了多少	每年进行两次员工需求调查，至少提出三个能满足员工需求的合理方案；凡新成立公司的头5年每年各级人员都有5%～10%的晋升比例；每个管理人员至少能说出下属的3个优点；年终效绩评估时成绩占80%权重

原则与要求的一些特点见表6-2。

表6-2　原则与要求的一些特点

序号	原则	要求
1	使用“遵守”、“遵循”、“贯彻”、“执行”这些字眼	使用“满足”、“符合”、“做到”、“达到”这些眼；当超出要求时可使用“超出”、“高出”、“在…以上”这些字眼
2	不一定能验证	可以验证
3	侧重有效性	侧重符合性
4	原则越小就越接近要求	要求概括性越广就越接近原则
5	较要求灵活	较原则严格

从结果控制到过程控制的过程：

目标⟶要求⟶程序

这同样是向基础管理发展的过程。目标和要求的一些特点见表6-3。

表 6-3 目标和要求的特点

序号	目标	要求
1	可定性和定量	可定性和定量
2	可测量	可测量
3	目标尚未达到就不能有更高的目标	可以高于要求,但不能低于要求
4	只能用一个点去表示,不能用一个范围表示	可以用一个范围表示
5	力争做到	必须做到
6	使用“达到”、“实现”这些字眼	使用“满足”、“符合”、“达到”、“做到”这些字眼;当超出要求时可使用“超出”、“高出”、“在…以上”这些字眼
7	不可以重复,永远都是第一次	重复,第一次时有时是目标
8	面对未来	面对现在
9	公开,且受时间限制时就是承诺	

当目标 100%达到了就没有意义了,就要改为指标;或者以“100%”作为目标时就没有意义了,就要改为要求,这表示向基础管理迈向了一步。

目标和要求都是结果控制,而程序是过程控制。结果控制与过程控制在不同层次有不同的比例,表 6-4 是参考:

表 6-4 结果控制与过程控制在不同层次的比例

管理层次	结果控制的比例	过程控制的比例	控制对象	常规的监控	作业成分增加
最高管理层人员	90%	10%	高层管理人员	依赖目标、原则和要求监控	↓
高层管理人员	70%	30%	中层管理人员		
中层管理人员	50%	50%	基层管理人员	依赖程序、专业监控	
基层管理人员	30%	70%	作业层人员		
作业层人员	10%	90%	产品、服务或过程		

作业层要是向管理层发展就需要从过程控制过渡到结果控制，组织的能力体现在结果控制的能力上而非过程控制的能力。这是组织成熟的标志。

创业时期原则

- 如果不能规定程序至少要规定要求。
- 如果不能规定要求至少要规定原则。
- 如果不能规定原则至少要规定方向。

一旦打好基础，组织走向成熟时就应遵循这样的原则：

组织发展原则

- 原则向惯例发展。
- 目标向要求发展。
- 要求向标准发展。
- 程序向常识发展。
- 定性向定量发展。
- 技术向技能发展。

这是组织成功的必由之路，也是过程优化的原则。

三、方　　向

以下几方面都属于方向的范畴：

- 经营宗旨；
- 经营战略；
- 经营方针；
- 目标（在第五章已有详细阐述）。

不同的方向将导致不同的管理体系和程序。

1. 经营宗旨

经营宗旨是整个组织一切活动的指南，所以是组织经营首先要回答的问题，它将对组织的生存和发展产生深远的影响。

以下为一些例子：

- 一生产手表的厂家的经营宗旨：把每一个表看作一件艺术品去制作；
- 一幼儿园的经营宗旨：送我一个孩童，还你一名英才；
- 一医院的经营宗旨：细心、精心、耐心、爱心。（叫“四心”宗旨）；
- 一物业管理公司的经营宗旨：善待您的一生；
- 一生产“万家乐”品牌热水器的生产厂家的经营宗旨：爱使万家乐，万家乐乐万家；

以下的经营宗旨不妥：

- 一化妆品生产厂的经营宗旨：

以有竞争力的价格获得优质产品和服务，为公司利益乃至民族工业的昌盛带来希望。

评注：

口气大。改为：“以有竞争力的价格获得优质产品和服务，为公司乃至顾客带来更大的利益”。

● 一医院的经营宗旨：

仁心，仁术，方便为怀，为病人的健康奉献一切。

评注：

进医院的人不都是病人，有不少是保健的，该宗旨将业务的范围锁定在病人身上将限制医院的发展。再说“病人”的叫法有歧视的味道。改为：“仁心，仁术，方便为怀，为人民的健康奉献一切”。

● 一生产塑胶薄膜的厂家的经营宗旨：

平稳，和谐，勤俭经营。

评注：

没有斗志，没有激情，无非在说富日子当穷日子过。

2. 经营战略

战略源于战争用词，指战争的方略，用以指导战争全局的行为，如防守战略，进攻战略、游击战略等。因其在方向上有较形象的指导意义，故被广泛应用于其他场合。例如，在销售上有市场导向战略、降价战略、促销战略；在产品开发上有技术领先战略、跟进战略、引进战略；在人力资源上有干部储备战略、高薪战略、年轻化战略等。战略与战术相对应，战术是战略的展开，是实现战略的具体措施和方法，故先有战略后有战术，即战略决定战术。在组织中，战术可以是产品、技术、程序、方案、政策等。组织发展初期战略尤为重要，然而，当发展到一定规模后战术会变得越来越重要，当战术成为优势时甚至可以影响到战略的制定，当战术唯一时其本身已是战略。所以：

1）取得核心技术或某方面的绝对优势可使战略的制定由难到易，战略不易变化——这是最高层次的方向，它可以引导市场；

2）在难于保持绝对优势的情况下可使战略的制定由易到难，战略较易变化——这是中等层次的方向；

3）在没有绝对优势的情况下可使战略制定由难到更难，战略经常变化——这是最低层次的方向。

战略有长期的和短期的，并随竞争环境的变化而变化。以下为一公司从上世纪80年代开始的战略变化：

1980年以前的经营战略：抓革命，促生产。

1981—1984年的经营战略：技术引进，提高生产效率。

1985—1990年的经营战略：内强管理，外树形象。

1991—1999年的经营战略：技术储备，降低成本；内部安定，外部满意(称“两线框架”战略)。

2000—2006年的经营战略：以为市场为导向，巩固客源，开发创新；以主业为基点，多种经营，发展海外(称新“两线框架”战略)。

2007至现在的经营战略：集中资源强化优势产品，打造品牌；储备人才，走技术创新道路；深化经营管理，提高市场占有率。

战略的本义带有对抗性，通常在市场展开角逐时所制定的方向才叫战略，故其制定往往以竞争对手为导向。而今，战略应以顾客为导向。“以顾客为导向”和“以竞争对手为导向”所得出的战略是不同的，见表6-5。

表6-5 “以顾客为导向”和“以竞争对手为导向”的战略区别

以顾客为导向	以竞争对手为导向
识别顾客的需求和期望并转换为要求	识别竞争对手的意图并转换为战略
对顾客的要求加以明确和评审	对各种构成威胁的情况的评审，如基础和规模、产品、制造或服务过程、技术、市场管理、资金、供应系统等
制定方针	制定企业战略
在企业内灌输顾客意识	在企业内灌输优患意识
为满足顾客要求而配备资源	为击败或压倒对手而配备资源
顾客满意度评审	优胜和差距之处的评审

以下为一些战略的例子。

● 一著名电器公司的战略:

要做就要做全球老大或老二。

● 一著名工程机械制造公司的战略:

——做国内行业龙头;

——产品走高档路线;

——科技产业化,产业科技化;

——成熟的产品做规模、新的产品做利润;

——低成本扩张。

● 一啤酒公司的发展战略:

采用国际先进的技术标准,加强技术创新能力,使产品向国际著名品牌跨跃,并使企业的综合实力进入世界啤酒行业前十强。

● 一电器公司的战略:

永远领前半步。

● 一房地产公司的战略:

不断改写自己的规则,以达到改写市场的规则。

以下的战略不妥:

● 备足后劲,开拓前进。

评注:

口号而已。

● 杀鹅杀鸭。

评注:

洗衣机市场竞争激烈,因有小天鹅、小鸭的品牌,故一企业有此战略。此战略一股杀气,太刺人,这等于逼对手群起而攻之,下决心先杀自己。蠢! 这是自取灭亡的战略。

● 人无我有,人有我优,人优我新。

评注：

该战略在很多组织都可以见到，照搬不是办法。类似的有："人无我有，人有我新，人新我恒，人恒我专。"、"你未想到的我已经想到了，你想到的我已经实现了。"

3. 经营方针

经营方针：组织经营总的方向。经营方针为经营宗旨服务。例如：

经营宗旨	经营方针
集中优势，锐意创新，塑造名牌； 利用资源，降低成本，与客共赢； 以人为本，深化管理，完善自我。	将产品做精，做细，做全； 将服务做足，做善，做诚； 将管理做深，做透，做好。

经营方针制定后要有目标支持，并保持一致。例如：

将产品做精，做细，做全：
- 年度产品质量合格率达到99.8%
- 本年内增加15个机种
- 三年内基本覆盖市场主要机种在相同的功能下不少于5项性能指标超越同行

将服务做足，做善，做诚：
- 年底顾客满意率达92%
- 年底在现基础上再增加30个服务网点

将管理做深，做透，做好：
- 年内将生产周期从现在5天缩短至4天
- 年内将生产成本降低5%

以下为一些经营方针的例子。

● 一生产充电器公司的经营方针：

本公司承诺：为客户提供高质量的产品，满足并超越客户的要求和期望。

为实现我们的承诺，我们推行"三个致力"：

致力于识别客户的需求；

致力于开发优质的产品；

致力于不断的改善。

为实现我们的承诺，我们贯彻"三个坚持"：

坚持与客户建立良好的关系，保持有效的沟通；

坚持有效的过程控制方法；

坚持对全体员工进行培训。

在本公司，质量承诺并不是一种设想，它是我们的行动指南，实现我们的承诺是每一个员工的义务和责任。

评注：

该方针称之为“三致力、三坚持”方针。

● 一物流公司的经营方针：

安全、迅速、准确、完善。

方针解释：安全——在为顾客提供服务的过程中，做到货物、设置工具、单证的完好和安全，不意外发生事故。

迅速——严格按照顾客的时间要求完成任务，努力提高工作效率。

准确——货物处理、单证手续、计收费用各个环节中都力求准确。

完善——不断提高服务质量和提升工作效率。

评注：

该方针突出了物流的重要特性，简单、清楚，称“八字方针”。方针的解释也是方针的组成部分。

● 一物业管理公司的经营方针：

持续改善求创新，一方乐土一方人。

方针解释：我们永远不满足现状，确保在各个层面上持续改进和创新，这是一方人的进取精神；我们要提供业主满意的服务，营造一方乐土，这是一方人追求的境界。

评注：

该公司叫“新一方物业公司”，方针与公司名称结合，起到宣传广告的作用。

● 一旅游公司的经营方针：

无忧，无愁，尽享快乐旅游。

评注：

此方针体现了行业的特点。

以下的经营方针不妥：

● 一化妆品公司的经营方针：

以质量求生存，以服务求生存。

评注：

该方针写得很可怜。

● 一生产通讯接收天线的企业的经营方针：

招一流人才，造一流产品，创一流效益，建一流信誉。

评注：

“一流”太多，其实很少人会相信。类似的有：“力创一流管理，一流技术，一流服务，一流品牌。”

● 一旅游公司的经营方针：

顾客第一，服务第一，质量第一，信誉第一。

评注：

所有的东西都第一即无第一。一医院的经营方针类似：“病人利益第一，医疗质量第一，服务质量第一，医院声誉第一。”这些方针显俗气，无特色。

● 一电子厂家的经营方针：

最新技术赛全球，最佳管理高品质，最优服务高效率。

评注：

如果一家并不出名的企业在经营方针中使用“最”字的时候会令顾客反感，有不知天高地厚之嫌。有不少的方针都带有浓厚的渲染色彩，这便是一例。

● 一生产服装的厂家的经营方针：

品质优越誉满球，市场昌盛通四海。

评注：

一对“春联”,自我陶醉。类似的有:“全心全意为用户,踏踏实实做品质。”“客户在我心中,质量在我手中。”这些方针都是口号式的,没有实质的意义。

● 一生产发热器的厂家的经营方针:

在肯定的基础上不断引进否定,以求否定不了的肯定。

评注:

太深奥。

● 一生产暖水壶的厂家的经营方针:

依靠科学的管理,确保产品符合要求;

依靠科学的技术,确保产品领先同行;

依靠员工的努力,确保产品不断改进。

评注:

该组织本来就不存在领先的问题,就无从谈“确保领先”,同行会嗤之以鼻。类似的有:“树白云液压品牌,立用户至上宗旨,走科技创新道路,领行业龙头风骚”。

● 一塑料厂的经营方针:

质量,质量,再质量

改进,改进,再改进

评注:

造作。

四、原　　则

原则:指导思想言行的准则。原则是管理经验经过提炼后的高度概括,处事效率很高,是管理艺术和管理技巧的一种修炼。例如:

● 在市场方面——二八原则;

- 在决策方面——抓大放小；
- 在产品战略方面——质量第一，价格第二；宁精勿滥；
- 在沟通方面——直接原则；
- 在经营方面——以人为本；
- 在用人方面——疑人不用，用人不疑；
- 在分配方面——同工同酬，多劳多得；
- 在招标方面——公开、公平、公正，在同等条件下价低者得；
- 在做人方面——对己从严，对人从宽；
- 在物料管理方面——先入先出，先拆先用；勤进少贮；
- 在员工招聘方面——人品第一，专业第二；择优录取，宁缺勿滥；
- 在服从性方面——公司利益重于个人利益，个人服从集体；
- 在表决方面——少数服从多数；
- 在处理犯错误的人时——以教育为主，惩处为辅；事不过三；
- 在交际上——女士优先；
- 在交战时——先礼后兵；
- 在培训时——宽进严出，注重效果不重形式；
- 在工程项目上——专款专用；
- 在发表意见时——先听后说；
- 在掌握技能时——少说多做，理论联系实际；
- 在新的环境——入乡随俗。

有时原则在不同的场合就有不同的含义，如：

原则	应用在财务上的含义	应用在设计上的含义
成本原则	每分钱、每笔费用的支出要有合理的原因、讲求效益，以有限的资源获取最大的回报。应有开支的统计分析，定出成本指标，节省非必要的开支	在能确保实现产品预期功能的前提下，应以结构最简单、制造最简单、生产周期最短、材料价格最恰当的原则进行设计，以达到性价比最优、单位成本最具竞争力的目的

续表

原则	应用在财务上的含义	应用在设计上的含义
怀疑原则	对于每项开支、每笔收入都应质疑是否有错,对于每张单据都应进行核对	为了在别人的基础上做得更好,对于任何一项引进的技术、任何一个未经证实的数据都应提出质疑,深究根由,直到悉疑为止
保守原则	投资决策时不熟悉的事不做;财务评估时没有收益的事宁愿放弃;资金支出时留有余地——总之,以最小风险为原则	为了确保产品的安全性,在设计时如果没有可借鉴案例或没有把握时应在常规计算的基础上增加保险系数
谨慎原则	对于每一项投资都要问为什么,不轻易受暂时的利益诱惑,不轻易相信无数据基础的信息,不轻易改变既定的政策;不清楚的事不做决定,没有先例的事不做第一个试验品,超出常规的事不做	为了确保产品的可靠性,应对产品特性进行反复验证,不应以经验或感觉的判断代替数据的判断,也不应轻信别人的判断,对待潜在的问题更不应抱着侥幸的心理,而应抱着不放过的态度,如果没把握就宁愿放弃
保密原则	不能透露整体成本、利润、负债情况等有关公司经营的信息,这些信息仅限于最高决策层获知	为了竞争的需要,对于未公开的研究,所有与之相关的资料都不能公开

其实,每一行业也都有自己的原则,这些原则是不能违背的。如:

- 建筑上就有“先查验后施工,先室外后室内,先土建后装饰,先湿后干,先墙内后墙外,先水电后泥木,先地砖后地板,先油漆后涂料”的原则;
- 在司法上就有“疑罪从无”、“可杀可不杀就不杀”等原则;
- 在疾病防治上就有“以预防为主、治疗为次”、“在传染扩散预防的级别的选择上宁严勿松”、“不明病因不下药”、“散发性病源作个案处理,爆发性病源作整体处理”等原则。

这些原则一旦被普遍认可就会成为惯例,便可以一句顶一万句,便具有很强的说服力。

原则是一个归纳的结果,例如:

- 资产管理和使用原则:统一领导,归口管理、合理调配、管用结合、物尽其用。
- 行政管理原则:不能越级授权,可以越级反映情况。
- 审批原则:行政人员不能替代专业人员审批,重要项目多人审一人定。
- 对人员的要求原则:对于管理人员战略重于战术,对于专业人员战术重于战略。
- 事故处理四不放过原则:不查明原因不放过,没有措施不放过,措施不落实不放过,落实的措施不验证不放过。
- 出差原则:

  ——交通工具根据公务的性质和急迫程度而定。长途时能乘火车的不乘飞机;短途时能乘公交车的不乘出租车。

  ——能不过夜的不过夜;能同住的不分别开房。选择住宿地应遵循就近不就远的原则。除非特殊情况,酒店的标准不超过三星级。

  ——出差期间不受正常上班时间的限制,但应以尽快完成任务为原则,超出正常工作时间的不作加班看待。

  ——不得因私绕道,否则交通费不予报销。

有时需要对原则进行解释,解释的内容实质就是要求,例如:

原则	说明
样板带路	所有的材料、工程实施、文字图说资料均应以完整小样带路,并进行点评、确认;产品与样板必须相互验证
7 分策划 3 分执行	做任何事情都应先策划,将精力重点放在实施事情之前,做足准备,至少确保有 7 分把握才去执行
先方案后合同	任何合同都应在计划下产生,先有方案,后有合同;先审核方案,后审核合同,方案批准后,所有围绕方案所产生合同才能得到批准

以上的例子很多都是公司原则，但部门也应该建立一些原则，例如：

人事部的用人原则	第一为内部提升；第二为员工推荐；第三才外部招聘。允许自我推荐；允许离职重返，允许离职返聘
设计部的设计原则	先功能后性能，先性能后成本，先效果后外观。法规底线原则。满意解优于最优解原则
采购部的采购原则	供应商选择与采购相分离；采购计划与计划审查相分离；采购监督与采购执行相分离
销售部的市场原则	供货时先款后货；说服顾客时不攻击同行；在介绍产品时不讲过头话，在作出承诺时十分把握讲七分话

原则针对的层面越高就越靠近政策，所以就叫做“大原则”。例如，毛主席建设社会主义的“多、快、好、省”原则；周恩来在外交上著名的“五项基本原则”；邓小平治国的“四项基本原则”。这些原则是当时的国策。组织所制定的一些大原则也会成为政策，甚至成为理念，例如：

- 某组织在决策上的“三不原则”：

1）不熟不做；

2）没把握的事不做；

3）违规的事不做。

- 某组织管理的八项原则：

1）十人完成的事应安排九人去做；

2）能一次完成的事不分几次做；

3）能并行完成的事不串行做；

4）能用一个字的不用一句话；

5）能用图表达的就不用文字；

6）能用数据表达的就不用文字；

7）能沟通解决问题的就不用发文；

8）能两个人解决问题的就不要开会。

- 某组织人事管理的基本原则：

1）对事不对人；

2）对章程不对人；

3）对能力不对年龄；

4）对贡献不对服务年限；

5）对人的素质不对学历；

6）没有上进心的人不重用；

7）没责任心的人不重用。

有些规定原则偏向于思想指导时不仅可以成为组织的理念还可以成为组织的文化，例如，“以顾客为中心”、“以人为本”就是被很多组织所采纳的这类原则。以下的原则也是这方面的典型例子：

- 理念胜于指导；
- 环境胜于规范；
- 意识胜于技能；
- 培训胜于控制；
- 预防胜于纠正；
- 帮助胜于指责；
- 奖励胜于惩罚。

原则越小就越靠近定性的要求，例如：

- 先请示后处理；
- 当下一级标准与上一级标准有冲突时应以上一级别为准，当没有标准时依惯例做；
- 文件发出时要经过审批。

公司原则大多是些大原则，有些小原则通常都会在制度、程序或规范上定出，例如：

选择设备供应商程序

1. 目的：确保及时选用正确的设备以及有效控制设备价格。

2. 适用范围：适合于酒店工程的设备采购。

3. 管理内容

流程	方法/准则	责任人
编制设备清单	1. 设计单位给出设备汇总表。 2. 在一个星期内完成设计单位所选设备正确性的评审，分别列出各专业的设备清单。 3. 编制设备汇总表，盖章，交副总指挥以及设备工程师。 4. 确定哪些设备属于采购部的范围，并以书面形式通知采购部。	设计单位 专业工程师 项目经理 副总指挥
↓ 编制设备采购计划表以概算表	1. 根据工程总进度要求在一个星期内编制"设备采购计划表"。编制原则： 4.2.1　先地下室后主楼，先室内后室外，先专业后装饰； 4.2.2　先大后小； 4.2.3　先固定(或先预埋)后移动； 4.2.4　先动力后其他。 2. 根据现有资料、经验、类比法等方式作出设备采购概算表。	设备工程师 设备工程师
↓ 审批（←修改）	1. 项目经理审核，副总指挥批准。 2. 将"设备汇总表"、"设备采购计划表"、"设备采购概算表"交总指挥和总经理。	项目经理 副总指挥
↓ 物色设备供应商 ↓	1. 物色途径：1. 先照顾原有供应商，2. 上网查阅，希望获得更新的信息；3. 在电话本的专业栏目上；4. 其他。 2. 物色原则： 1）1 000 万以上的采用招标的方式；1 000 万以下的采用邀标的方式； 2）500 万以上的不得少于 8 家；300 万以上的不得少于 6 家；100 万以上的不得少于 4 家；低于 100 万的不得少于 3 家；10 万以下的不一定经该程序。 3. 与供应商进行沟通，初步确定供应商范围。初次被淘汰的供应商应得到正式的文件通知。 4. 编制供应商联系表，记录发出任何信息的时间。	副总指挥 设备工程师 专业工程师 电脑工程师

续表

流程	方法/准则	责任人
编制供应商评审表	1. 编制"供应商评审表",在该表中明确提出对设备(包括系统)的基本要求、报价范围。 2. "供应商评审表"审核。 3. 向供应商发出"供应商评审表",以电话形式确认供应商已经收到该表,并要求在一周内回复,超过该期限的视为自动弃权。如果涉及方案设计,则可根据实际情况确定回复时间。	设备工程师 副总指挥 电脑工程师
供应商初步评审(通知落选)	1. 组成评审小组,小组成员:副总指挥,项目经理,专业工程师,设备工程师,必要时邀请专家参与。 2. 编制"供应商比较表"。 3. 评审内容:供应商资质,方案,报价。评审确定: ● 对于我方提出的要求已经理解; ● 有能力满足规定的要求。 4. 确定三家入围	副总指挥 电脑工程师 评审小组
现场考察供应商	1 组成考察小组,小组成员:副总指挥,采购部代表,专业工程师,设备工程师。 2 确定考察地点,编制考察路线图,提前两天通知供应商。 3 考察期间的原则: ● 不透露另一家供应商的任何信息; ● 不收取礼物; ● 不接受住宿的提供; ● 不接受影响作出选择的非正常娱乐性活动。	设备工程师 考察小组
供应商第二次评审(通知落选)	1. 归纳所有的资料先进行比较,弄清楚相关的概念。 2. 评审,确定两家入围。 3. 由总经理分别与入围的供应商面谈。 4. 通知入围者起草合同书,在此之前应在一些关键的地方已经达成共识,价格至少经过三次调整。	设备工程师 专业工程师 评审小组 总经理 副总指挥

续表

流程	方法/准则	责任人
合同评审（修改）	1. 评审要求： ● 与之前协商的内容一致，包括表述的一致，且合理； ● 符合合同法规定； ● 不留活口。 2. 评审合同报价和预算（如果附带安装工程的话） 3. 对问题进行修改，并交副总指挥	评审小组 项目经理 专业工程师
合同洽谈	1. 组成合同洽谈小组，成员为：总指挥、副总指挥、项目经理、专业工程师、设备工程师。也要求供应商组成有专业人员参与的洽谈小组。合同合法性由项目经理主谈，专业内容由专业工程师主谈，价格由副总指挥主谈，最后价格由总指挥、副总指挥共同敲定，上报总经理。 2. 留下洽谈的记录。	洽谈小组
确定供应商	1. 最后评审两家的合同条件，确定一家。 2. 以正式的文件通知被确定的供应商，同时通知采购部。 3. 建立该供应商专门的档案。	总指挥 副总指挥 副总指挥 电脑工程师
首期资金申请	1. 根据合同规定开出首期预付资金的申请交总经理，在该申请上有指挥部副总指挥和采购部经理签字。 2. 在获得总经理确认付款日期后即通知供应商。	副总指挥 采购部经理
资料分析	1. 在与供应商接触的开始就应保持与供应商往来的一切资料，并有每一供应商的专门窗口，并定期整理有关的资料。 2. 收集有关最新的资料，对造价、性能等方面进行分析，为下一次的选择提供基础。	电脑工程师 设备工程师

4. 其他要求

4.1　所有设备供应商的选择都须经过指挥部正常的程序，除非特殊情况，不接受个人（包括集团内部以个人的名义）、朋友的推荐，以免影响公正性。选择过程应遵循“公开、公正、公平”的原则。在相同的条件下价格取胜。

4.2 价格保持在评审小组人员知道，不得向外透露。每次的报价至少让两人获知，并以正式的文件证实才能生效，报价的变更应说明原因。为在对外保持口径一致，涉及价格问题集中由总指挥或副总指挥负责洽谈，最后的价格由副总指挥与总指挥商榷，并请示总经理后确定。

4.3 与供应商明确表明，不得向工程部任何人涉及个人利益方面的暗示。工程部人员不得接受个人的回扣。

4.4 预算上报时应在核定预算额上增加3%用于工程变更、追加工程项目的支付。对于工程变更发生的价款的确定原则为：

a）合同中已有适用于变更工程的价格，按合同已有的价格变更合同价款；

b）合同中只有类似于变更工程的价格，可以参照类似价格变更合同价款；

c）合同中没有适用或类似变更工程的价格，有承包方提出适当的变更价格，经工程师确认后执行。

很多组织优化程序时容易忽略原则的制定，事实上，很多时候程序是根本不能替代原则的，甚至规定程序本身就是不合理，因为这不是程序的问题，例如与顾客谈价就不能规定程序，只能规定原则。

以下的情况用原则控制胜于（或替代）程序控制：

- 对于新开创的工作；
- 对于工作的性质具有很高的灵活性的高层管理人员、科研人员、市场人员；
- 对于较复杂的事情；
- 对于变化无常的事情；

● 对于不宜用要求和程序衡量时。

从根本上讲原则和程序是两种不同的控制方式。原则控制具有灵活性，只要不违反原则，可以采取任何方法，是自选动作；而程序则是规定动作，所以在一些场合下原则控制比程序控制更有效。现实中，职位越高就越是如此。

五、程　　序

组织在成熟过程中程序会越来越多，为了简化体系，需要进行必要的文件合并，例如：

原文件	合并后
文印处理规定 印章管理规定	印章、文印管理规定
接待服务管理制度 接待操作规程及细则 接待室管理办法 礼品准备流程	接待服务管理规定
会议管理制度 会议厅使用管理规定	会议管理制度
品质记录和文书的保管规定 品质记录及文书的保管期限规定 文书档案管理制度	品质记录及文书的保管规定

除专业程序外，每个程序所含的活动在 30～60 之间是比较适中的（见第八章第 6 节）。如果活动少于 30 个，则可以考虑将其合并到相近的文件中。

通过反问程序中 5W1H 有时也可以简化过程，见表 6-6：

表 6-6 反问 5W1H

	问题	优化方向
Why	为什么要这样做	去除不必要的过程
What	做什么	可否简化作业内容?
Where	在什么地方做,做完后往何处去	有无更合适的位置?
When	什么时候做	有无更合适的时间? 作业时间可否更短些?
Who	由谁来做	有无更合适的人?
How	如何做	作业方法可否简单些? 是否有更适用于使用者作业方法? 文件是否有更恰当的表达方式? 是否有更适当资源配备?

去除 5W1H 的异语,以简化文件,见表 6-7。

表 6-7 去除 5W1H 的忌语

5W1H	说明	表示方式	去除忌语
WHY	文件的意图是什么,即定目的	一句话原则,直接指明文件的意图。例如,《培训程序》的目的:"提高员工的业务能力和综合素质,使员工的能力能满足工作需求"	不使用状语,即以"因为、由于、如果"开头的状语全部去除
WHAT	要做什么活动,即定事	以文件的条款表示,例如:4.1 新员工培训,4.2 在职培训。或流程中的活动符号,例如: 明确培训需求	不能交代清楚的事项全部去除,例如,有关事项、适当的措施等
WHERE	在哪里做,活动的输出到哪些地方,即定点、定岗	凡活动有输出的地方必须规定与之接口的部门、职位。例如:培训需求部门"填写《培训申请单》,经部门负责人审核后交人事部"	不能交代去处的陈述全部去除,例如,相关部门、有关上级、相关领导、有关人员等

续表 6-7

5W1H	说明	表示方式	去除忌语
WHEN	活动在什么时间做，即定时	时间要尽可能地量化，例如： “人事部培训于每年 12 月 25 前制定下一年度公司培训计划”。 “公司年度培训计划由总经理审批，部门培训年度计划由部门经理审批。审批在两天内完成”	不能明确交代时间的表述全部去除，例如，马上、立即、及时、最迟、迅速、尽早、随时、即时、经常性地、定期或不定期地、阶段性地、在一定时期下等
WHO	活动由谁做，即定人、定员、定责	对应“WHAT”明确责任人，例如： WHAT：“明确培训需求”。 WHO：“培训专员汇集所有的培训需求，由人事部主管作出需求分析，与申请部门了解培训内容的需要性、是否适合公司的发展规划、目前公司的人力资源情况，最后明确培训项目”	不能明确交代谁去做的表述全部去除，例如，有关人员、相关领导等
HOW	如何做，即定方法	1. 表述活动之间的相互关联，例如，“流程图”。 2. 针对活动提出方法，如，入职培训：“培训人员名单由人事部资料员每星期提供一次。每次培训人数在 15—50 范围内，培训时间为 2 天。” 3. 对活动本身提出的要求，例如，入职培训： a）培训注重公司文化、职业道德教育，教育执行《入职教育大纲》。培训时间为 2 天。 b）每一个受培训员工在培训结束后都要写出一份《培训感想》交人事专员备案	1. 去除所有的以下的用词：原则上、尽可能、尽量、在一般情况下、在特殊情况下、在紧急的情况下、大致、大概、全面地、有限度地、有选择性地、相应的处理、有关资料、所需文件。 2. 去除所有的形容词、副词、助词。 3. 去除之乎者也的八股文用词。 4. 尽量去除缩写

六、简化过程的表达方式

过程是在表达管理的意图，其表达方式有 6 种：

1）符号或图形方式；

2）实物方式（如部件的排列）；

3）表格方式；

4）文字方式；

5）流程方式（如流程图）；

6）以上形态的组合。

过程的表达方式直接影响着我们了解事物的本质、接受的程度和过程能力，显然，也影响着过程实施，确定何种方式取决于实施过程的人的认知程度。

过程简化原则

- 如果过程的执行者是大众，则以文盲的为准，就不能使用文字。
- 如果过程的执行者是基层，则以基层最低的认知能力为准，不能用文字的，就要用实物。
- 能用表格形式的就不用文字形式。
- 能用流程的就不用文字。

只要能起到预期的作用，表现形式愈简单愈好，最简单的就是最科学的。总之，过程的表达方式能使人产生直觉效果是最容易被人接受的，例如，表格化、图视化、流程化，尽量避免太多的文字。

以下是程序的“内容”不妥：

- 遇到事故要及时报告。

评注：

这是一个接口问题，报告给谁或哪个部门？是书面报告还是口头报告？没有交代。

● 仓管员要检查账、物、卡是否相符。

评注：

这是一个完整问题，不相符怎么办？没有交代，程序应是一个闭环。

● 物料入仓后要进行入账、入卡、输入电脑工作。

评注：

这是一个逻辑关系的问题，应先入卡再入账。

● 当货物到达后由仓库管理员组织人员立即落货，并通知 QA 部检验员进行 CHECK 货，然后贴上飞仔。

评注：

“落货”即“卸货”，“CHECK 货”即“验货”，“飞仔”即“标识”。文件忌用土语。土语和口语化的英文单词经常在港资企业的文件中见到。

● 产品若相隔时间长再重新投产，应预先审核作业指导书是否适宜。

评注：

“相隔时间长”的表述是不可操作的。在时间上应尽可能地量化，宁可写：“超过一年的产品若再重新投产，应预先审核作业指导书是否适宜。”

● 在一般情况下，每周四或周五下午 14:00～19:00 对草地施药

评注：

“在一般情况下”的表述不可操作，改为：“晴天每周四或周五下午 14:00～19:00 对草地施药，雨天施药日期顺延。”类似的有：“在特殊情况下”，“在紧急的情况下。”除非对这些“情况”已经作了定义，否则难以操作。

● 在门岗可视范围内不能有任何纸屑。

评注：

不如写，“在门岗周围 30 m 范围内不能有任何纸屑”。

● 随时了解物价局新的物价政策。

评注：

“随时”的表述不可操作，改为“一月一次”或“每季度一次”。

● 货物进仓后仓管员应马上编制《出货单》。

评注：

可改为：“货物进仓后仓管员应在 2 h 内编出《出货单》。”“马上”、“及时”、“即时”、“立即”的用词都是不可操作的，都使人神经紧张，故要忌用。除非处于这样两种情况：1. 活动连贯；2. 不是常规性的活动。例如，“听到电话后应立即拿起话筒接听”、“在办理手续时对顾客的提问应及时回答”、“对实验数据应马上作出记录”——这些连贯的活动决定了必须使用这些词。又如，“当生产现场出现不合格品时及时想主管报告”、“遇到危险品泄漏时立即报警”——这些都不是常规性的活动。这时那些用词表示“尽快”的意思。

● 每天送样

评注：

“每天”改成“每工作日”为宜，事实上该组织星期六、日是放假的。

● 生产部每月初提交上月的生产成本报表。

评注：

“每月初”不如写“每月上旬”。

● 设备要定期进行保养。

评注：

不如写：“设备按规定的设备保养周期进行保养。”

● 远途采购的材料的货款超过较大数额时要经过总经理的批准。

评注：

不如写：“市外采购的材料所发生的货款超过 50 万时要经过总经理的批准。”

- 必要时要上报审批。

评注：

不如写："只有遇到权限未明确的地方才上报审批。"

- 要建立重大质量事故的档案。

评注：

不如写："对造成损失超过 10 万元的质量事故要建立档案。"或对"重大质量事故"作出这样的定义：超过 10 万元的质量事故为重大质量事故。

- 技术员根据有关文件对系统进行测试后要作出相关的记录。

评注：

应明确指出根据什么文件进行测试，需要留下什么记录。"有关"、"相关"的用词都是不可操作的。又如：到政府相关的部门办理土地使用证，然后送至相关部门。

- 到时项目经理要组织评审会议，相关人员参加。

评注：

如果到时确实不清楚哪些人参加会议就宁愿写："到时，根据会议内容确定参加会议的人员。"

- 夜间当值主管如遇到质量事故原则上可以作出处理。

评注：

"原则上可以作出处理"实质上也可以不作出处理，留下了隐患。"原则上"、"尽可能"、"尽量"等让人钻空子的用词要忌用。

- 对于危险品要提供搬运和防护的适当措施。

评注：

"适当措施"等于没有规定措施。又如，"对系统出现问题应做出相应的反应"，"以多种形式确保满足要求"，"对于建筑平面设计要从多方面去考虑"。

- 识别市场需求是市场组工作的重要内容，这一部分工作还将对销售组，客户服务组的工作产生深远的影响，同时也是顾客跟进的基础。

评注：

内容空。现实中确实有不少说教式的文件。

- 所有的物料都应按照先入先出原则进行管理。

评注：

文件不合理。对一些有严格的保存期限的或对贮存期相当敏感的物料(如一些化工物料)遵循先入先出的原则才有意义,有很多物料(如一些金属材料)就没有必要这样规定,否则成本会很高。

- 每半年对库存物料检查一次,以保持其质量。

评注：

该组织贮存物品的种类很多,这样的规定成本也是很高的。应对物料进行分类后根据它们的特性分别规定有效保存期,然后再确定合理的检查周期,这样才具操作性,不能一刀切。

- 物料检验后由搬运工放到指定的区域,合格的搬到合格区,不合格的搬到不合格区。

评注：

后面两分句多余,等于说:女的要入女厕所,男的要入男厕所。

- 在政策规定范围内,确保结果最佳。

评注：

"最佳"不可操作。类似的有:"最好"、"充分"、"全面"等。

- 如实填写记录。

评注：

"如实"、"详细"、"严格"、"认真"加在"填写记录前"都没有必要,都可删去。类似的有,"周密地、严谨地、科学地、合理地进行广告策划"、"以积极和严肃的姿态完成任务"、"与顾客进行深度的交流"。所有的形容词、副词、助词都是吓人的,因为没有办法证实。

- 质检员按《产品判断准则》进行来料检验,当发现不合格品的比率超出常规时向领导反映，当新材料没有判断准则时要及时向主管报告，由主管协调解决。

评注：

这里的“领导”和“主管”可能是同一个人。

七、简化复杂的过程

过程复杂程度取决于：

1）组织的规模和活动的类型；

2）过程及其相互作用的复杂程度；

3）人员的能力。

组织在发展与规范之间可能选择了规范，但如果规范过于累赘恰恰又妨碍了发展，所以确定“过程复杂程度”是一个难点，以下的原则可以避免过程文件化后成为枷锁。

过程简化原则

- 组织规模越大，从上至下过程宜粗不宜细。
- 过程跨度越大，宜粗不宜细。
- 过程完成的时间越长，宜粗不宜细。
- 高度抽象的活动宜粗不宜细。
- 低风险活动宜粗不宜细。
- 不涉及安全的活动宜粗不宜细。
- 人员稳定的岗位宜粗不宜细。
- 人的能力强时宜粗不宜细。

“过程复杂程度”反映在文件上就成为“文件详略程度”，强调文件的详略程度是因为它会影响组织执行文件的有效性。在某些作业中，可能根本不需要文件，而同一种情况的另一组织就可能需要很多文件；对于一些简单的过程只要对输出规定要求就可以了，如对计划、报告的要求。规范性与灵活性永远都是一对矛盾，“过程复杂程度”便是当时一切条件的统一，是组织整体素质的反映。

八、过程文件化

过程文件化就放心了，无疑这是组织的一种寄托。文件化即标准化，这是管理的必由之路，过程必须借助文件化才能实现管理的意图，过程的一般性功能(如指导功能、判断功能、评价功能等)大多是以文件化为前提的。

文件形成本身并不是目的，它应是一项增值的活动。

文件一旦形成便具有价值，其价值就体现在：

1）文件是众多管理人员智慧的结晶，是经验的累积，是管理规律和有效操作方法的文字记载，是取得共识和能力叠加的产物，是组织共同的产品，是管理的基础，是取得成果的基本保障。它代表了组织的管理水平，它将成为组织的依托。

2）文件本身已含有能力，当人的能力达不到要求时，按照文件规定的程序去做便可做出超出自己能力的事情来，也就是说，一流的制度可以辅助二流的管理者，可以让三流的员工做出一流的事情。

3）文件是今后提升的基础。经验永远走在文件之前，经验不断地形成文件时管理便走向成熟，通过文件来体现这一点使组织的价值提升。这是一项增值的活动。换言之，文件是组织历史发展的证据，它对过去、现在和将来都具有价值，产生它和更改它便是一项增值活动。

此外，文件还融入了隐形的东西，如观念、价值观、文化、哲学、经济、行为方式、习惯、原则等，这样，文件就不仅是活动和资源的简单相加了，就超越了它们原来的能力和价值了，是前人种树，后人摘果。

人们通过文件化表现组织能力的愿望是组织建立和优化体系的动力之一，只要文件化的体系可以被任何能够理解它的人去执行，这时，我们控制的并不是执行文件的人，而是这个体系，形成了对事不对人的环境——这就是管理的平台。这个平台能使人的经验和能力得以传递，使管理得以延伸和留存，所以组织成熟的标志是制度的能力而非个人的能力，这时不管是谁当总经理都不会对组织的运作产生根本性的改变，他首先是施行制度，然后才是改变制度。所以制度第一，总经理第二。我们不怕过程或体系存在问题，怕的是没有形成文件；形成文件是第一步，当过程在执行中出现问题时我们便可以在字里行间找到问题根源所在，然后予以改进，迈出第二步。

不过，我们也得承认，某些时候没有任何文件都能达到管理预期的目的，特别是个人的作用取得成功的时候会滋长自信，会把管理看得简单，主观意志会替代客观规律。诚然，人替代制度的管理是要承受很大风险的。这如同古人经常使社会处于动荡和不安状态一样，因为那时靠的是精神和强制统治，人们还没有意识到管理需要文件规定，所以只能靠灌输信念以实现无形的控制，支配管理靠的是人的说服力，也只有尽可能地找到可以说服别人的学说才能成为管理者，让被管理的人的思想上趋于一致便可做到控制。几千年的历史已经证明这种控制方式在现实中对结果的控制是毫无把握的。时至今天，还有很多管理人员处在这种管理观念中，它们以为这样会省事，可是，它们屡次都忘了人们用了很多后补的工作去排除担忧。经过屡次的过失后发现，过程的文件化是必须的，且遵循着如下的规律：

没有文件——→形成文件——→取消文件

从表面上看终点回到了起点上，但实际上人们通过执行文件使行为建立在制度上了，时间一长，强制的行为便可成为自觉的行为，就完成了他律到自律的过程，到那时便可取消文件了。当然这是一个漫长的过程，也许仅是一种理想。取消文件后管理的境界与当初没有文件时相比已经不可同日而语了，经过内化的人已经得“道”。在文件的生命期内，文件开始时是指导的功能强于约束功能，待熟悉文件后约束功能便强于指导功能了，只要你偏离了规定的程序，文件就会告诉你，你会出错，或者在追究责任时就有依据了。

文件化有助于：

1）确保有效运作和对过程的控制；

2）达到所要求的结果；

3）评价管理体系；

4）确保重复性和可追溯性；

5）持续改进。

第七章 过程职责

「以过程为中心」替代「以职能为中心」会使职责得到优化，由过程决定职责和职权是最科学合理的。在人数与职能之间、职能与部门之间会存在合理的比例关系，这是组织结构设计的科学依据。

一、过程职责和权限

如何合理确定岗位职责和权限？有两种做法：一是“以职能为中心”；二是“以过程为中心”。后者是最科学的，如图 7-1 所示，金龟图上的要素都涉及部门或人去操作，我们称为过程职责和权限，也就是说，先有过程再有职责和权限——这就是以过程决定职责的“过程方法”。

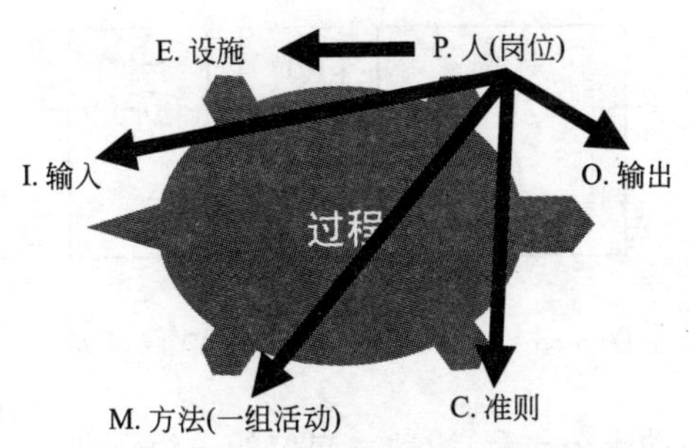

图 7-1　每个要素都与职责有关

二、以过程决定职责的原理

每一岗位在过程中所承担的职责通过图 7-2 和图 7-3 进行识别：

图 7-3 表示过程经过某一岗位时所分担的活动量，有若干过程(用 P 表示)时，该岗位活动量为：

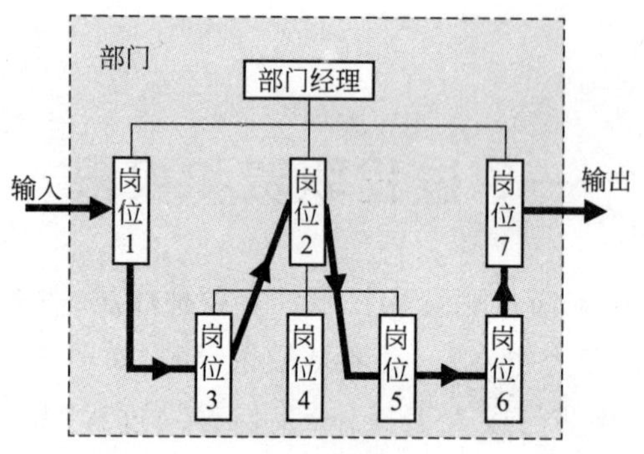

图 7-2 过程与岗位

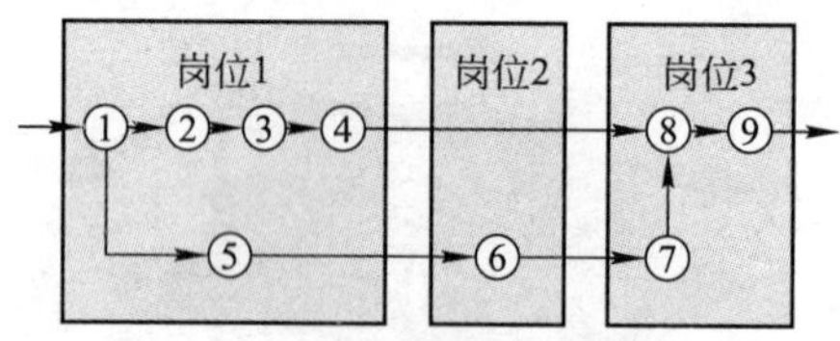

图 7-3 各岗位所承担的过程活动

P_1 活动＋P_2 活动＋…＋P_n 活动＝岗位的一组活动＝岗位的基本职责即图 7-4。

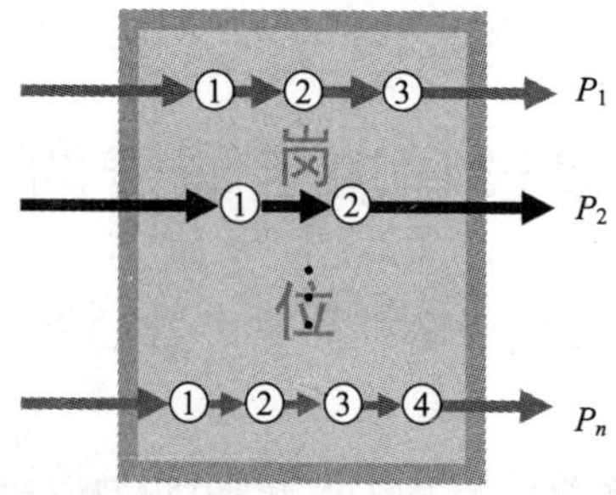

图 7-4 某岗位承担 n 个过程的活动量

这就是“过程决定职责”的原理，即：**先规定过程，再规定职责**。在第三章中的表3-14《人事部最小单元活动汇总表》中所确定的职责就是以过程为基础得出的。

三、职责和权限的识别

职责和权限的识别按以下步骤进行：

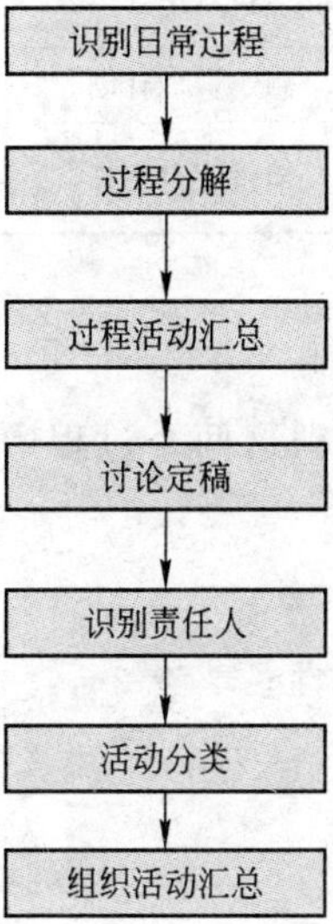

识别日常过程 → 过程分解 → 过程活动汇总 → 讨论定稿 → 识别责任人 → 活动分类 → 组织活动汇总

由部门对日常所有活动进行盘点和识别，列出活动清单，见表7-1。识别后在部门内部进行讨论确认，确保活动没有遗漏。

各岗位对每一活动看成过程，按过程顺序分解活动，直至最小单元活动。当同一岗位有若干作业者时，则以作业者为单位分别进行分解，汇合成《岗位最小单元活动清单》，讨论确认。

将各岗位最小单元的活动清单汇总成《部门最小单元活动汇总表》，根据需要增加或补充活动，并给出活动的序数，见表3-14。

部门对清单所列的活动再进行一次讨论，修改和补充，对同一类型的重复性活动作出标记。统一术语，澄清概念。

对应每一最小单元的活动明确责任人。然后统计各岗位的职责，见表7-2。

按最小单元活动性质进行分类，并给予符号，参照第三章第三节。

将各部门的最小单元活动表汇总成组织的《公司最小单元活动汇总表》。

以上步骤最好用电脑软件完成（见第四章第6节）。

表7-1为一地产销售部门部分活动清单：

在第三章中的表3-14就是从人事部日常活动清单中分解所得的《人事部最小单元活动汇总表》。然后，在该清单的基础上专门的软件

表 7-1　部门活动清单

NO	活动名称	NO	活动名称	NO	活动名称
1	销售计划制定	41	对业主转让房的中介管理	81	产品研究
2	制定项目整体推广方案	42	办理业主变更联络方式手续	82	产品跟踪
3	项目推广广告制作	43	办理业主领取合同的手续	83	制定价格策略
4	VI 制作	44	办理业主手续	84	确定项目设计概念
5	模型制作	45	组织交房	85	编写项目计划书
6	制作景观/户型/总体规划效果图	46	处理售场客户投诉事件	86	项目技术经济分析
7	样板房设计委托	47	移交物业管理	87	制定资金计划
8	售场、样板房委托装饰施工	48	对售场情况作统计分析	88	销售人员培训

便可以自动统计出人事主管的职责，见表 7-2。

其实，表 7-2 也只是人事主管在员工招聘和培训这两个过程中的职责(18 项)。

过程所确定职责具有如下的特点：

1）活动具有重复性(包括月、年的重复)或持续性；

2）为岗位专门的活动；

3）都是“实”活动，而非“虚”的活动。

同时需要检讨是否犯了以下三忌：

1）与其他岗位有重复；

2）大过上级的职责；

3）行政职责跨越技术职责或技术职责跨越行政职责(即行政职责与专业职责分离原则)。

岗位职责在过程中展示时才能发现不合理的地方，也就是说，**优化职责是在过程中实现的。**

表 7-2 某岗位的职责统计

Microsoft Excel - 人事部最小单元活动汇总表

人事部最小单元活动汇总表

	No	大活动	活动展开（一）	活动展开（二）	活动展开（三）	责任人	活动分类
7	5	员工招聘	需求分析	人员需求汇总		人事主管	O
8	6			提出《需求分析方案》		人事主管	O
11	9		需求人员物色	人员物色		人事主管	M
12	10			登出招聘广告	确定广告单位	人事主管	M
13	11				确定广告日期	人事主管	M
14	12				起草广告稿	人事主管	M
16	14		约见应聘者	约见前准备	审核被物色人员简历	人事主管	M4
19	17				确定约见日期	人事主管	M
20	18				约见安排	人事主管	M
21	19				向应聘者提出约见要求	人事主管	M
31	29		办理入职手续	通知录取人员		人事主管	M
32	30			确定上班日期		人事主管	M
33	31			办理入职手续		人事主管	M
34	32			将其工资待遇通知财务部		人事主管	M
37	35		签定雇佣合同			人事主管	M
39	37		资料保存	做出资料统计分析		人事主管	M
46	44	培训	在职员工培训	确定培训需求	培训需求分析	人事主管	M
55	53			培训实施	大型培训的组织	人事主管	M
85							

四、职责优化 1
——职责的二八原则

在过程中所识别的岗位职责有很多，所以需要以“二八原则”进行整理，归纳，得出关键的 20%，80%的时间就由这 20%的职责来决定。

以下是某产品工程师从活动分解表的 63 个活动中归纳出的 20%：

1）编写新产品开发计划书；

2）组织新产品试制；

3）编写和设计技术要求书；

4）编写质量检验要求；

5）编写新产品试生产控制计划；

6）编写生产工艺标准；

7）解决试制中出现的技术问题；

8）组织对首批样品进行评估；

9）确定原材料的贮存期；

10）确定库存量；

11）确定工艺装备分类；

12）组织工艺装备的检定。

优化职责原则

- 同类项可合并为一条职责。
- 有连带关系的活动可变成一条职责。
- 同一处理对象可合并一条职责。
- 先大后小。

以下就是一个合并的例子：

对在过程中识别的职责进行归类	整理、归纳
1. 编写新产品开发计划书 2. 编写和设计技术要求书 3. 编写生产工艺标准 4. 编写质量检验要求	编写新产品开发计划书、设计技术要求书、生产工艺标准以及质量检验要求
1. 编写新产品试生产控制计划 2. 组织新产品试制 3. 解决试制中出现的技术问题 4. 组织对首批样品进行评估	1. 编写新产品试生产控制计划，按计划组织新产品试制，并解决试制中出现的技术问题。 2. 组织对首批样品进行评估
1. 确定原材料的贮存期 2. 确定库存量	确定原材料的贮存期和库存量
1. 确定工艺装备分类 2. 组织工艺装备的检定	确定工艺装备分类，并组织工艺装备的检定

五、职责优化 2
——职责排序

整理出 20％的职责后接着就要对这些职责进行排序，使职责规定更具管理的性质。

职责排序原则

- 管理人员的职责按重要性排序。
- 作业人员的职责按发生的频次或所占时间的多少排序。
- 先排可证实的职责，后排难以证实的职责，即先“实”后“虚”。
- 先排大职责后排小职责。

职责的排序首先由岗位的责任人自己进行，然后由直接上级审核，这时可能还要对顺序进行调整，因为彼此站的角度不同，上级更为宏观一些。

以下就是上一产品工程师的经过排序后的职责：

1）编写新产品开发计划书；

2）编写和设计技术要求书；

3）组织新产品试制；

4）编写新产品试生产控制计划；

5）编写生产工艺标准；

6）编写质量检验要求；

7）组织对首批样品进行评估；

8）解决试制中出现的技术问题；

9）确定原材料的贮存期；

10）确定库存量；

11）确定工艺装备分类；

12）组织工艺装备的检定。

以下是一资料室文员在过程中有57个职责，整理出20%的职责并进行排序后得出其职责如下：

1）公司内所有文件、标准的分类、整理、编目、归档和发放；

2）受控文件的打印；

3）外来资料的标识、保管和领(借)用；

4）文件取号和编号；

5）作废文件的收回和销毁；

6）产品检验报告发放和管理；

7）质量例会记录和保管；

8）管理评审和内审资料的归档；

9）指导各部门(科室)的文件管理工作；

10）本部门文具的请购及申领。

六、职责优化3
——删除第二职责

职责分“第一职责”和“第二职责”两种。过程所确定的职责为“第一职责”。所有岗位都适用的职责为“第二职责”。判断“第二职责”的准则大致为：

1）活动带有普遍性。如，建立和完善部门的有关规定；

2）制度中已经规定共同执行的活动。如，每月对下属进行考评；

3）惯例、守则或常识的活动，如，以身作则、完成上级的任务、执行规章制度；

4）义务。如，熟悉业务，教育员工、提高生产效率；

5）法律法规要求必须履行的责任。如，定期检测空气污染指数。

所以，第二职责不用规定但又必须执行，或者说，当第一职责没有覆盖的地方由第二职责发挥作用。

职责优化原则：在岗位职责中删除第二职责。

七、职责优化4
——去“虚”保“实”

“掌握生产动态”与“每天记录生产完成情况”，就是“虚”与“实”的写法。职责有以下的情形：

1）直接做的，且看得到（如，制定月计划、每日进度统计、编制工程方案等）；

2）直接做的，但不一定看到（如，核对资料、工作安排、指导员工的工作）；

3）直接做的，但看不到（如，与供应商的联络，与合作公司保持良好的合作关系）；

4）间接做的，但看得到（如，配合生产部解决技术上的问题、协助销售部处理顾客的投诉）；

5）间接做的，但看不到（如，帮助协调工作中的问题）；

6）没要求做的，做了也看不到（如，挖掘资源未来的潜力、掌握行业动态）。

其中“看得到”的职责最终可以被证实，所以叫“实职责”，难于证实活动叫“虚职责”。宏观控制的管理人员难免有虚的职责，除此，职责中应尽量减少虚的成分，特别是基层职责更要如此，否则很难考核。

职责优化原则

- 高层管理者虚的职责不应超过70%。
- 中层管理者虚的职责不应超过30%。
- 基层不应有虚的职责。

八、职责实例分析

- 某副总经理的职责摘录：

1）树立正确的经营思想，做好上级领导的参谋工作；

2）理性处理日常事务；

3）保持公司资产增值；

4）加强员工队伍的建设；

5）提高业务修养；

6）提升公司的竞争力。

评注：

常识不必写在职责上。

● 某生产部经理的职责摘录：

1）负责全面领导本部门的工作；

2）负责本部门人员工作的合理安排；

3）深入现场，平衡生产，控制成本；

4）科学管理，做到文明生产；

5）严格要求自己，坚持原则，积极进取，起表率作用；

6）关心员工，充分调动员工的积极性；

7）不断提高管理人员的业务素质，努力造就一支思想好、业务过硬的管理队伍；

8）对下属工作的监督；

9）对产品质量负责，加强员工的质量意识。

评注：

类似这些"虚"职责在某组织的岗位职责规定中普遍存在。此外，"负责全面领导本部门的工作"的写法让人觉得有官瘾之嫌。又如，"负责零星采购的领导工作"、"亲自进行设计策划"。

● 一开发部主任工程师的职责：

1）承担新产品设计/开发及定型产品的改良工作，承担新工艺、新材料及新设备的设计、试制及试验工作，承担新产品的开发过程中的技术改进和攻关工作；

2）设计及跟进制造新产品及定型产品所需工艺装备，工装夹具和专用检具，并负责对其进行验证。负责制订生产工艺及工艺文件，保证设计图纸及工艺文件，技术文件的完整、统一和准确性；

3）编写企业产品、零部件、材料、工艺、检验、物料消耗及生产工时定额等技术标准；

4）同相关部门进行协作并跟进新产品试制工作；负责解决新产品试制过程中的技术问题及定型产品在生产过程中出现的重大技术问题；

5）主任工程师负责对行业相关国家标准及国际标准的选用和记录，负责科技期刊的选订等。

评注：

职责写成一段文字效果不好，不清晰，宜改成：

1）新产品设计/开发及定型产品的改良；

2）新工艺、新材料及新设备的设计、试制及试验；

3）新产品的开发过程中的技术改进和攻关；

4）设计、跟进和验证制造新产品及定型产品所需工艺装备，工装夹具和专用检具；

5）制订生产工艺及工艺文件；

6）保证设计图纸及工艺文件，技术文件的完整、统一和准确性；

7）编写企业产品、零部件、材料、工艺、检验、物料消耗及生产工时定额等技术标准；

8）同相关部门进行协作并跟进新产品试制；

9）解决新产品试制过程中的技术问题及定型产品在生产过程中出现的重大技术问题；

10）对行业相关国家标准及国际标准的选用和记录；

11）科技期刊的选订。

● 一服务台主管的职责：

1）保证完成上级下达的艰巨任务；

2）热爱本职工作，忠于职守，在业务时间内不串岗，不做与本职工作无关的事；

3）工作时满腔热情，思想集中，努力做好接待工作；

4）搞好团结，起表率作用；

5）端正工作态度，主动提出改进意见；

6）自觉遵守各项规章制度。

评注：

职责写成“决心书”也是常见的事。

● 一仓管员的职责摘录

1）准时发货；

2）及时呈报货物报表；

3）做好防火工作；

4）确保不丢失一件货物；

5）仓库货物摆放整齐。

评注：

将职责写成“要求”是常见的一种毛病。

● 收到市场部的业务通知单后，指派一名联络人员与技术部沟通联络，配合技术部完成系统通信功能配置，参与系统需求分析会议、技术方案的评审、功能测试和验收，确保一切正常才能安装到最终用户工作机上。开发完成及试运行后，系统移交到维护部维护。

评注：

这种职责带有作业的性质。有些人写职责时总是担心写得不清楚、不详细，结果写成作业文件。

● 进行人事方面的管理。

评注：

下属的职责不能大过上司的职责，这就是一例。如果经理写“后勤保障”，下属就只能写“采办后勤物资”；如果经理写“掌握部门整体的营销动态”，下属就只能写“掌握广东地区整体的营销动态”；如果经理写“组织新产品推广”，下属就只能写“实施和协助新产品的推广”；如果经理写“制定部门的营销策略”，下属就只能写“执行部门的营销策略”。

● 负责用目前最科学的方法准确地制定销售计划。

评注：

删去任何形容词和副词。有些人为增加职责的力度喜欢加形容词、副词和助词，所有这些用词都是无法证实的。类似的有：“以完美的方案、精心的策划完成设计”、“适时、适量地控制物料入库”、“向高层决策提供具有特色的丰富而精确的信息支持”。

● 熟练掌握本岗位使用的各种技术资料（图纸、检验指导书）、样品及各种检测器具的维护和使用方法。

评注：

这是义务，义务可以不做职责规定，本岗位的义务即为接口岗位的权利。类似的有：“掌握本部门的运作情况”、“服从上级的工作安排”、“不断提高自己的业务水平”、“做好产品质量工作”。以“做好……”、“确保……”、“保证……”之类的用词开头的职责都属于义务的范畴。此外常识、惯例也可以不做职责规定，因为这些内容套在任何岗位上都适用，就等于不是该岗位的职责了，例如，“正确使用生产设备”、“发现问题及时纠正”。

● 保守公司的商业机密。

评注：

除非对某岗位有特别的针对性，否则职业道德不宜写在某岗位职责上，因职业道德适合于所有的岗位。

● 编制各类生产报表。

评注：

“各类”的提法使得职责不明确，改为，“编制生产日报表、月报表”。又，“制定工作计划”，“工作”是泛指，不明确，也应改为：“制定采购计划”、“制定资金计划”。

● 建立材料库存系统。

评注：

这是一次性任务，任务完成了，该职责自然就不存在了，职责应是重复性的。又如，“负责质量管理体系的建立”都是这一情形。但是，如果将此职责改为：“负责质量管理体系的运行、保持和完善”，则职责成立，因这是一项持续的工作。

● 对失准的计量器具进行调正和修理，以便计量器具精度达到生产要求。

评注：

后句多余，职责无须交代“目的”。类似的有，“作废文件的收回和销毁，从而确保各部门使用文件的有效性”、“利用社会资源，建立健全的物流绩效统计和评估体系以及结构指标体系等，使物流表现更透明、更客观，为优化和有效实施物流提供保障”。

● 在充分掌握竞争对手战略的基础上，制定营销策略。

评注：

删去状语。类似的有，“在职责范围内提出积压产成品的处理方案并组织实施”、“在准确的市场预测前提下，制定产品的销售计划，对计划的准确性负责”、“在充分掌握存货计划的基础上，按照成本和时间的最小化原则，妥善安排物料、产成品的车辆调度”、“按照国家规定，开展本区内各种环境要素的常规监测”。

● 根据各项工程进度，组织编制材料、设备供应订购计划及资金计划。

评注：

前句多余，职责无须交代“依据”、“理由”或“过程”，直接交代要做什么便可。

● 原则上负责组织新产品试制及试料的检验工作。

评注：

职责忌用“原则上”的字眼，这等于职责不明确。

● 跟进模具、设备等情况。

评注：

“等”字删去，或继续列明，否则职责不明确。类似的有：“定期向上级报送监测数据，编制监测分析报告书等”。

● 随时注意易燃物品的隔离存放情况。

评注：

“注意……”用在职责的规定上不妥，“注意”并不表示一种实质性工作，是无法证实的，等于什么都可以不做。类似的有，“加强销售后勤支持工作”。

● 参与产品前期设计的评审工作。

评注：

“参与……”、“协调……”、“督促……”、“协助……”等这类难于证实的职责要慎用，同一个活动如果都有其他岗位“参与”的话就可能导致没有一个主要的负责人，等于最后没有人管。这类职责在排序时最好排在后面。

九、职权优化 1
——删除附属职权

职责与职权之间的区别在于，前者是处理某项事，后者是决定某项事。职权：执行职务的权限。职权有两种：

1）附属职权；

2）独立职权。

“附属职权”是指，履行职责必然附带的权限。例如，你要门卫看

门,他就有权阻止非公司的人进入厂内;你要清洁工负责打扫总经理办公室,她就有权进入总经理的办公室;你要进行合同评审,就有权看合同;你要文员负责资料印发她就有权使用复印机。可见附属职权不必形成文件。

“独立职权”是指,为履行职责而特别规定的权限。这类职权根据需要而定,我们看到的职权基本上都属于这部分。“独立职权”的特征只适合于某一岗位。行使职权多指行使“独立职权”,需要形成文件。

下例中我们故意将采购主管的附属职权写上去,你就会发现是多余的。

序号	职责	附属职权	独立职权
1	采购合同谈判	有权阅览合同,有权与供应商接触洽谈	• 有10万元以下采购合同的决定权 • 对供应商有否定权 • 有材料的选定权
2	监督合同的执行	有权过问、查询合同执行部门的进展情况	
3	组织对供方的考察、选择	有权安排对供方的考察活动	
4	材料、设备计划分析、统计、汇总	有权到相关地点收集数据和资料	
5	材料、设备的供应量和质量的管理	有权决定批次供应量,有权对来料进行检验,有权拒绝接收不合格品	
6	协调供货单位、施工单位、物业单位、项目工程部之间的关系	有权参与协调活动	
7	材料付款办理、材料结算	有权核准材料的进货数量、规格和最后单价	
8	材料品种、价格的收集、比较、分析,针对具体的需求提出选用建议	有权自由决定资料收集的途径	

附属职权写上去是多余的

两种职权的概念对合理规定职权是有帮助的，至少可以这样认为：

1）单一作业的职权为附属职权，如生产线的员工；

2）一岗多人的职权如果没有特别规定则为附属职权，如销售人员；

3）一岗一人的职权职位越高独立职权就越多。

确实，我们发现《最小单元活动汇总表》中职位越高把关的活动（“M4”类活动）就越多，到最高管理层基本上都是“M4”类活动了，甚至高层的职权本身就是职责。

职权优化原则：删除附属职权。

十、职权优化 2
——删除通用性职权

独立职权反映在：

1）定量的权限；

2）定性的权限。

定量的职权大多为业务职权，如，金额的批准权、折扣比例的批准权、计划数量的审批权、加班工时的批准权、产品报废数量的注销权等。

定性的职权大多为行政职权，如，管辖权、审核权、批准权、决策权、决定权、应急处理权、监督权、放行权、辞退权、调动权、赏罚权、建议权、解释权、否决权、发言权、代言权、代理权、表决权、选举权、阅览权、知情权、分享权等。

里面有一些是通用性职权，例如建议权、知情权等。这些就不必写在岗位的职权上。

以下的人员需要明确独立职权：

1）最高管理者——制定方针、目标、决定政策的人们；

2）策划层——为实现方针、目标而制定所需的要求、方法的人员；

3）管理层——根据组织的有关规定实施管理的人员；

4）验证人员——根据制定的有关规定实施验证的人员。

以上人员有些可能是重叠的。如果重叠，则应遵循**行政职权与专业职权分离原则**，即行政职权不能同时兼专业职权或专业职权不能同时兼行政职权。

职权优化原则：删除通用性职权。

十一、以过程优化职权

过程产生输出，而对输出的把关就必然涉及职权问题。把关的活动已经定义为"M4"类活动。我们在过程分解中找到了全部的这些职权，显然针对活动所规定的职权必定是独立职权。这就是以过程决定职权的原理。

表 7-3 就是软件在表 3-14 中自动统计出招聘与培训活动中涉及"M4"类活动的例子：

再从上表中抽出人事经理的"M4"类活动，见表 7-4：

其实，这仅涉及人事经理的部分职权而不是全部。电脑软件能全部展示这些权限，这对职权优化是很有帮助的。不过这些权限是从微观的角度上看的，有部分是现时事实的反映，有部分是在活动分解过程临时确定的，汇总后才能发现这些职权的集中或分散程度、才能看清一条职权链，才能知晓是否与职位的等级相匹配。

岗位的"M4"类活动统计出来后还要进行重要性排列。

表 7-3 部门职权活动表

Microsoft Excel - 人事部最小单元活动汇总表

	A	B	C	D	E	F	G
1	人事部最小单元活动汇总表						
2	No	大活动	活动展开（一）	活动展开（二）	活动展开（三）	责任人	活动分类
4	2	员工招聘	提出人员需求	审核		部门经理	M4
5	3			批准		总经理	M4
9	7		需求分析	审核		人事经理	M4
10	8			批准		总经理	M4
15	13		需求人员物色	登出招聘广告	广告稿审定	人事经理	M4
16	14		约见应聘者	约见前准备	审核被物色人员简历	人事主管	M4
17	15				应聘者资料审阅	需求岗位上司	M4
27	25		判断			需求岗位上司	M4
45	43	培训	在职员工培训	确定培训需求	审核被物色人员简历	部门经理	M4
54	52			培训实施	临时计划审批	人事经理	M4
74	72		培训资料的管理	培训试题库管理	题库和答案检查	人事经理	M4

表 7-4 某岗位的职权活动

Microsoft Excel - 人事部最小单元活动汇总表

	A	B	C	D	E	F	G
1	人事部最小单元活动汇总表						
2	No	大活动	活动展开（一）	活动展开（二）	活动展开（三）	责任人	活动分类
9	7	员工招聘	需求分析	审核		人事经理	M4
15	13		需求人员物色	登出招聘广告	广告稿审定	人事经理	M4
54	52	培训	在职员工培训	培训实施	临时计划审批	人事经理	M4
74	72		培训资料的管理	培训试题库管理	题库和答案检查	人事经理	M4

权限优化原则

- 行政职权可以下放,专业职权一定有标准后才能下放。
- 如果发现职权太多,则设法将审核批准形成标准,然后下放权限。
- 下级职权是审核,对应上级职权就是批准。
- 下级职权是制定,对应上级职权就是监督。
- 上级是编制,下级是执行。
- 基层没有独立职权,只有附属职权。

十二、涉及职权的一些用词说明

在过程中识别和确定职权时经常遇到表 7-5 的用词的恰当使用问题。

表 7-5　过程职权用词分类

决定权类用词	审定权类用词	判定权类用词
批准、审批、确定	审核、审查、初审、终审、评审	判断,选择、筛选、验收、检查、抽查
三者有之:核准、确认、认可、认定、审定、核定、选定、评定、判定		

以下为对一些用词的使用作一些说明。

批准

对下级的意见、建议或请求表示准许。批准以签字为特征。批准的级别高于编制的级别。对自己发出的文件签字生效不在批准的范畴，是职权范围的事，如总经理自己发出的通知。

审批

审核批准。审核批准发生在同一个人身上时采用。

审核

审查核定。审核通常依准则进行，要有结论。审核可以平级进行，也可交叉进行。审核与编制不能同一人；审核的级别可以与编制的级别相同，但不能低于编制。

评审

为确定主题事项达到规定目标的适宜性、充分性和有效性所进行的活动。评审着重源头控制，通常是多人，大多没有准则。评审与编制可以同一人。评审的级别可以低于编制。

审定

审查决定。多用在集体决定的场合，如果一人决定通常用“审批”。

审查

仔细查核。审查与审核的意思基本相同，但审核经常是可重复的活动，而审查则偏重于个案。

检查

仔细查看。检查分他检、互检和自检，所以检查可以相互进行和平级进行。检查应有准则，如果没有准则实质就是评审。

表 7-6 评审、审核与检查的区别

	评审	审核	检查
对象	主题事项	文件	过程或结果
目的	确定达到规定的目标的适宜性、充分性和有效性	确定文件的正确性	确定过程或结果的正确性
性质	分析、评价和判断，识别问题并提出解决办法，其中经验为关键的因素，容易带有主观性	检查和核定。需要有判断准则，有时需要进行逻辑或专业的判断	校对、对比或比较。需要有判断准则
	当评审的内容都有准则时等同于审核或检查；同样，当没有准则时检查等同于评审		

续表 7-6

	评审	审核	检查
阶段性	阶段性明显,可以在策划时加以明确	阶段性不明显,几乎所有要对外的文件都要经过审核或检查	
方式	下评语和结论,需要留下记录	签名。不需要留下记录。如果能提供客观证据即为验证	

确认

确定认可。确认通常以提供客观证据为特征。确认可以签字、可以口头、可以点头。

核准

有两层意思:一是审核批准的简写;二是审核准确性。对于一些关键的数字、数量的把关通常都需要进行核准。

核定

审核确定。与审核的意思基本相同,但审核的范围比核定的范围要广,核定可能是针对某点、某一数据而言的。

选定

选择确定。选择和确定发生在同一人身上,因为经常是选择权与确定权是分开的。

判定

认定或断定。多在非正式的场合下使用,如处理问题的现场、处理非常规性事件等。判定需要在短时间内做出结论,甚至仅需“Yes”or“No”或直观判断即可。若在正式的场合宜用“评定”。评定:评判审定。判定与“判断”的意思基本一样。

十三、职责和职权的其他情形

1) 隶属两个以上上司的情形

岗位隶属两个以上上司时在“组织结构图”中应反映这种关系;上司中有一个是主要的,则在关联线上用实线表示,其余用虚线表示。职责的排序也应体现这种对应关系。

2) 身兼多职的情形

如果兼职者所兼的岗位职责已经有规定,那么同时执行这些规定就行了,应避免以其个人能力去重新制定职责,因为被兼职位的人迟早会到位。这时,应在“行政结构图”中注明所兼的职位。如果兼职的状况在相当长的时间内不会改变就宁愿将其所兼的职位进行合并,重新命名岗位名称。

3) 人员离职时的情形

当某人离职后由一人兼顾或由若干人分担如果能持续一段时间,则证明可以取消该岗位,将被分担的职责写在承担者的岗位说明书上。

4) 管理能力达不到要求的情形

某岗位没有合适的人员或能力达不到要求时最好通过培训或其他措施提高人员的能力,并在规定的时间内胜任,如果到期仍然不能满足要求就应换人,以降低职责的要求去将就能力低的人不是明智的。

5) 一岗多人的情形

一般情况下,一岗多人的情形只需要一份岗位说明书就够了,如销售人员、维修人员等。要是责任一样而范围不同时,则只要在岗位说明书上注明范围便可,例如,包装材料仓管员、五金件仓管员、化工料仓管员、贵重物品仓管员,这样可以避免重复文件。

6) 跨部门职责中的主次情形

所有跨部门的职责都存在主次的问题。例如,工艺员与设计员都涉及标准工时的确定,如果工艺员的职责是“制定工时定额”,则设计员的职责就是“核定工时定额”。又例如,“采购主管负责供应商的开发,评估”,而事实上该项工作涉及技术、质量和生产的其他岗位的责任，对此在其他相关的岗位职责中就应有所反映，如，“质检主管负责考察供应商的质量保证体系”、“材料工程师负责制定新材料的规格”等。

7）第二职责占用大部分时间的情形

如果因第二职责花的时间太多而没有时间履行第一职责的话，就表示人的能力不能胜任该岗位，因为胜任第一职责是基本前提。

8）基层人员的职责

单一作业的基层人员无须规定岗位职责和权限，例如接线生、焊接工等。

十四、以过程优化职能

要优化部门职能必须借助两个基本事实作为过渡：

1）现有的所有活动和过程；

2）现有的所有部门。

由于组织的运作是由过程驱动的，例如，图 7-5 是从合同接洽到产品交付的过程，我们可以观察到各部门在过程中的角色。

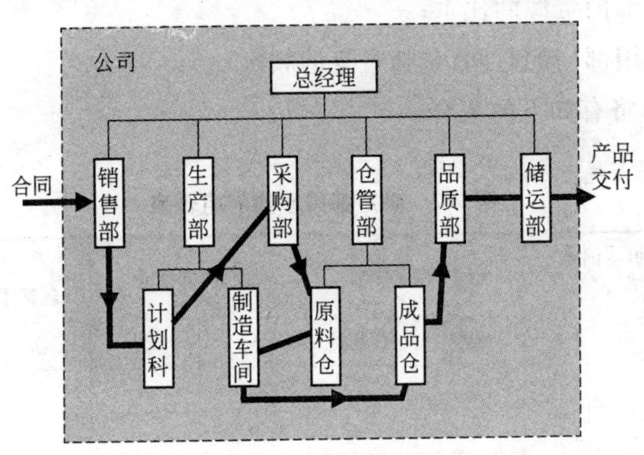

图 7-5　过程与部门

那么当一组过程经过某一部门时(如图 7-6)便有如下的可能性:

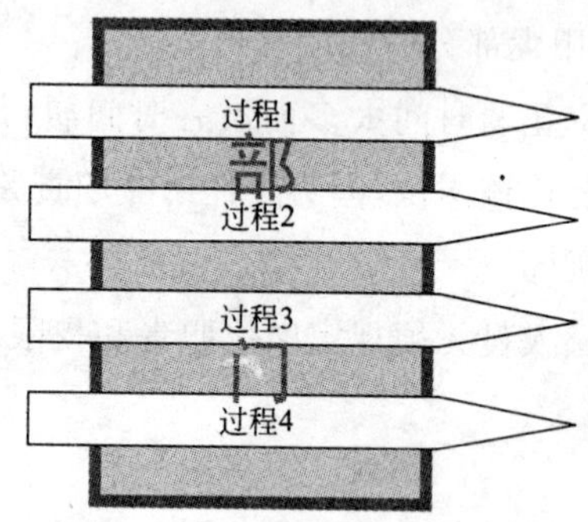

图 7-6　一组过程经过某部门

1) 是过程的独立承担者;

2) 是过程的主要承担者;

3) 是过程的配角;

4) 与其他部门分担过程,很难分出主次。

此外,还必须同时考虑如下三个因素:

1) 过程的重要性;

2) 占部门资源的比重;

3) 占用部门的时间(包括重复的频次)。

这样,将有如下的组合:

表 7-7　确定部门职能的组合表

职能因素 / 部门在过程中的承担情况	过程的重要性		占资源的比重		占用的时间(包括重复的频次)	
	重要	不重要	大	小	多	少
1 过程的独立承担者	√	×	√	×	√	×
2 过程的主要承担者	×	×	√	×	√	×
	√	×	√	×	×	×

接着，将打“√”的过程进行同类项合并，成为大类，此即为职能，所以职能不会太多。例如：

职责	职能
1. 员工培训	人力资源管理
2. 员工招聘	
3. 员工档案管理	
4. 薪酬管理	
5. 员工考核	
6. 体系文件的管理	文件和资料管理
7. 技术资料的管理	
8. 内部文件的管理	
9. 外来文件的管理	
10. 图书室的管理	
11. 专利管理	
12. 电脑配置	电脑系统管理
13. 电脑维护	
14. 程序编写	
15. 外部网站管理	
16. 内部网站管理	

以上是分辨部门职能的过程方法。

职能确定后可以反映在“职能分配表”上，例如：

职能分配表

职能 \ 部门	办公室	监督科	监理科	规划科	信息管理科	环境工程科	财务科
1. 行政人事管理	▲	△	△	△	△	△	△
2. 后勤服务	▲						△

续表

职能 \ 部门	办公室	监督科	监理科	规划科	信息管理科	环境工程科	财务科
3. 文件、资料管理	▲				△		
4. 环境宣传教育	▲						
5. 排污费的征、管、用、缴		△	△				▲
6. 监审工作							▲
7. 处理人大、政府、政协交办的环保意见、议案、建议、提案		▲		△			
8. 处理群众来信、来电和来访		▲	△				
9. 现场检查		▲	△				
10. 建设项目环境方案审批			▲	△			△
11. 办理排污申报手续	△		▲			△	△
12. 执行行政处罚			▲				△
13. 大气、水、噪声等常规要素分析			▲	△			
14. 排污单位监测			▲				
15. 双控区监测			▲	△			
16. 污染事故监测			▲				
17. 环境工程整治		△				▲	
18. 固体废弃物管理			△	△		▲	
19. 生态村建设				△		▲	
20. 环境统计				△	▲		
21. 区内各单位的数据处理			△	△	▲	△	△
22. 区内环境问题整治规划			△	▲		△	
23. 区内未来环境整治规划			△	▲		△	

注:“▲”表示该部门的职能,“△”表示该部门需要配合。

十五、以职能优化部门

“先确定职能再确定部门”这是“过程方法”所决定的。过程识别出来的活动量决定职能的数量，而职能的数量决定部门的数量。以下是参考公式：

$$部门数 \approx \frac{职能总数}{5}$$

这样，组织结构的设计就少了一些盲目的因素。由此，过程方法的组织设计的顺序是：

过程⟶职能⟶部门⟶组织结构

这也是组织结构优化的思路。如果与该顺序相反：

组织结构⟶部门⟶职能⟶过程

则要实现组织的目的，前者首先想到的是需要怎样的过程，而后者则是要设置多少个部门；要分清部门的主次关系，前者强调主要过程，由过程决定部门的角色，而后者强调的是自己的重要性。这是两种截然不同的管理模式。

不过以过程为中心并不是全盘否定职能在某些场合下会起主导的作用，有时还需要两者的结合才能有效地达到目的。在组织结构的设计上，以过程为中心仅是从过程即从组织内部推导出的组织结构，是内视法；而组织是面向市场的，其结构的设计不能不考虑外部的因素，故还应从外部考虑其适应性，这是外视法——这就是内视法和外视法相结合的方法。

职能决定部门的做法对于合理配置人员是有帮助的。原则是：人

数一定要多于职能数，至少在两倍以上才算合理。如果人数少于职能数就可能会出现以下的情况：

1）效率低下，因为职能是一个大专业，负责多个职能就意味着要跨专业，而在现实中多面手极少；

2）部门虚，机构庞大而实际的人数少；

3）人力资源严重不足。

发生人数少部门多的情况多半是将“职责”当成“职能”这一原因造成的。如果是这样就应将部分职能降为职责，或者取消一些部门并将其职能归并到其他部门中。

十六、职能、职责与活动的关系

职能——部门的功能，所以叫“部门职能”。

职责——职位的责任，所以叫“岗位职责”。

活动——组成过程的最小单元。

它们三者关系是：职能是针对部门的，职责是针对岗位的；职责是职能的展开，岗位职责又由一组活动组成。

要合理规定岗位职责是以“最小单元活动”为基础的，这样才能真正做到当出现问题时能找到唯一的责任人。这就是“明确职责”的衡量准则。

职能和职责有时是不容易分清的，职责强化会成为职能，职能强化会成为部门；反之，职能弱化会降为职责，部门弱化会降为职能并合并到其他部门中去。各部门共性职责可上升为职能归入某部门管理。

管理原理：

1）部门职能要有大过程支持，职能要规定目标——对应部门绩效；

2）职责要考虑子过程支持，职责要规定指标或要求——对应岗位绩效。

职能、职责优化原则

- 职能在组织范围内是唯一的，即在组织范围内没有重复的职能。
- 岗位职责在部门范围内是唯一的，即在部门范围内没有重复的职责。
- 活动在岗位的范围内是唯一的，即在职责范围内没有重复的活动。

职能的唯一性决定了部门的性质，部门往往以主要的职能去命名，例如，以采购职能为主的就叫采购部门，以设计和开发职能为主的就叫设计和开发部门。

过程有增值过程、支持性过程和管理过程，职能中也分增值职能、支持性职能（或辅助职能）和管理职能。

第八章　系统优化

相对而言，在生产系统中解决瓶颈过程比管理系统容易，因为构成管理系统中的过程能力的因素比较复杂，「过程方法」也许是解决这一问题的最佳办法。

一、系 统 方 法

“系统方法”是管理的一个重要原则，其观点是：

将相互关联的过程作为系统加以识别、理解和管理，
有助于组织提高实现目标的有效性和效率。

也就是说要将金龟图上的 6 个要素放在系统中进行识别，这时过程所需的要素应该就是系统所需的，即从系统的角度去考虑过程要素的配置，见图 8-1：

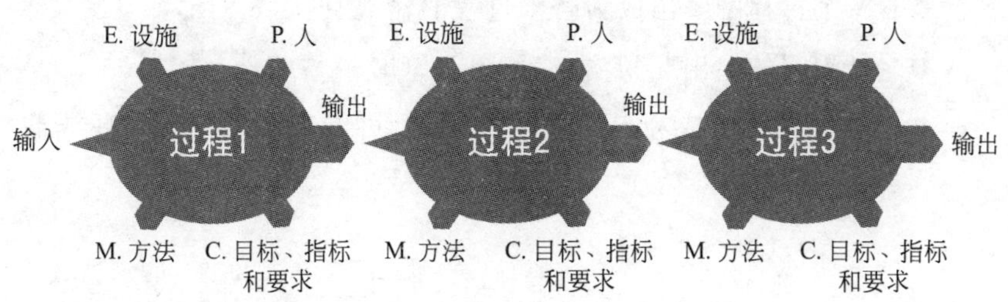

图 8-1　金龟图要素的系统考虑

将过程置于系统中才能最后确定：

- 过程的目标、指标；
- 过程的输入、输出和约束条件；
- 过程的资源配置；
- 过程的有效性；
- 过程的效率；

- 过程的能力；
- 过程的是否多余。

二、一个过程的输出通常是其他过程的输入

一个过程的输出通常直接形成下一过程的输入，或者，一个过程的输入通常是其他过程的输出，这是过程相互作用的基本表述，它包括了：

- 一个过程的输出仅成为另一过程的输入，见图 8-2(a)；
- 若干过程的输出成为下一个过程的输入，见图 8-2(b)；
- 一个过程的输出成为若干过程的输入，见图 8-2(c)；
- 过程间的输出互为输入，见图 8-2(d)；
- 过程的输出成为自身循环的输入，可能表示过程的闭环或截止点，见图 8-2(e)。

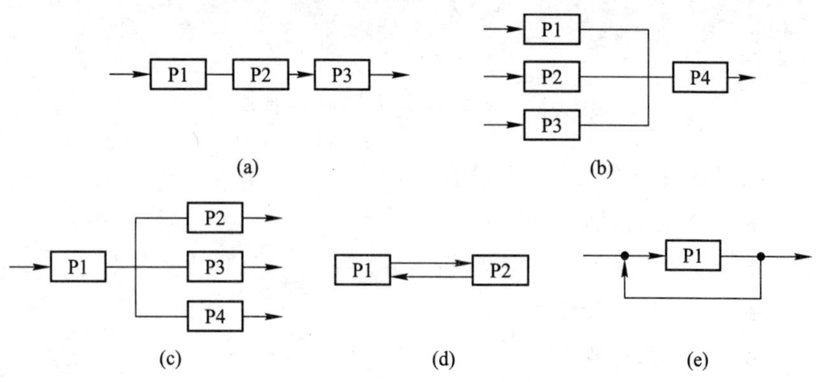

图 8-2　过程输出的基本情形

图 8-2 中各种情形的组合将产生过程网络。

系统优化原则

- 过程的输出如果找不到下一过程的接口则是多余的，要取消。
- 必须以下一过程需求为导向优化过程的输出。
- 过程的输出与接口过程尽可能少，最好一对一，可不经其他过程的则不经，这时体系是最简化的。
- 如果过程输出的内容在下一过程没有被充分利用，则可简化输出的内容。
- 如果过程输出的内容在下一过程没有增值的价值，则取消。

三、过程边界

过程的输出成为下一过程的输入时就构成了过程边界，这样，一个过程就有两个边界，一前一后，见图 8-3。

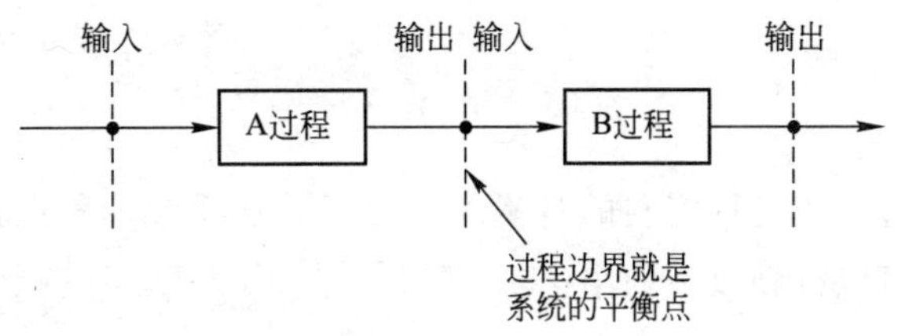

图 8-3　过程边界

过程的输出成为下一过程存在的条件，这也是系统得以延续的条件，过程边界是系统的平衡点。

在系统中，将所有过程边界的有形的输出，如数据、记录、资料、原材料、半成品、成品等抽出来就是信息和资源转化的总和，也是过程链有形输出运动的总体情况，即信息流和物流，我们可以根据这些输出的流向来确定“外部顾客”和“内部顾客”的身份。

在系统中，过程边界也同时表现为过程的划分，这时过程的输入和输出就不能是任意的。**在边界处，不是以过程的输出决定下一过程的输入，而是以下一过程的输入需求决定上一过程的输出。**这就是以下一过程的需求为导向配置过程资源的观点，这一观点能帮助我们合理地确定过程要求。

在系统中，串联的过程的边界数等于过程数，见图 8-4(a)，串联加并联后边界数大于过程数，见图 8-4(b)。

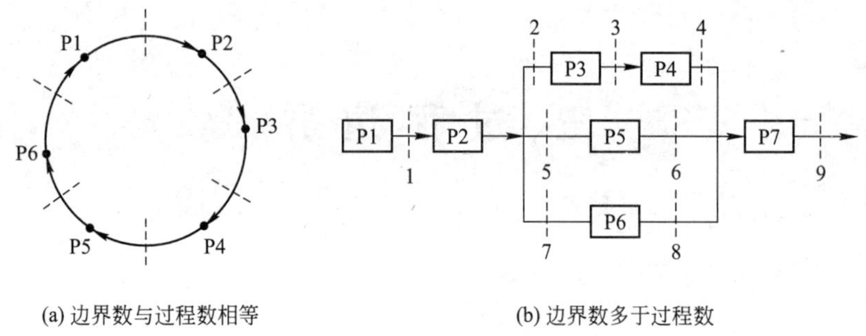

(a) 边界数与过程数相等　　(b) 边界数多于过程数

图 8-4　过程数与过程边界数

过程边界与过程之间的数量关系可以表述系统的复杂性。例如，我们至少可以得到以下的结论：

1）边界数少于过程数，系统不成立，或系统断裂；

2）边界数等于过程数，系统最简单；

3）边界数大于过程数太多，系统复杂。

根据经验，边界数和过程数的比例在 1.2 倍之内是合理的，超过 1.2 倍体系就属于复杂的，就要考虑简化。

对于过程本身也遵循同样的原理：过程活动之间边界数和活动数的比例在 1.2 倍之内是合理的，超过 1.2 倍过程就属于复杂的，就要考虑简化。

过程串联，系统简单，但周期长；过程并联，系统复杂，但周期短。同理，过程的活动串联，过程简单，但周期长；活动并联，过程复杂，但周期短。

简化原则

系统简化原则	过程简化原则
1. 设法将某些并联的过程变为串联 2. 划分一些子系统 3. 将技术性过程设法转变为技能，省去过程 4. 将简单的过程设法转变为常识，省去过程	1. 尽量采用一个流的方式 2. 减少分岔和回流现象

在系统中要识别主要过程（见第二章的章鱼图），与其嫁接的过程，包括寄生的过程一起称为过程族或子系统，观察一组过程边界时经常导致围绕一个主要过程的重新组合。

理解过程边界有助于：

1）确定过程的相互关联或相互作用；

2）确定系统输出（或系统的制约条件）与过程输出的关系；

3）确定系统的复杂性；

4）确定应用何种处理输出的手段（如电脑软件），或与其他系统接口的手段，如 OA 系统、ERP 系统。

系统优化原则

- 对于系统或过程，如果考虑效率则要多些并联；如果不考虑效率则要多些串联。
- 两个相互作用的过程尽量能同时运作，否则下一过程要考虑前置活动，以减少系统的时间。
- 如果过程的两个活动时间相隔过长就宁愿分成两个子过程。

四、过程能力

过程能力是指过程达到目标或满足要求的能力，即达到和重复其结果的能力。管理过程的能力不像生产过程的能力那样容易测量，最直接的方法是用有效性和效率去衡量，此能力是海龟图四种能力合力的结果，见图 8-5。

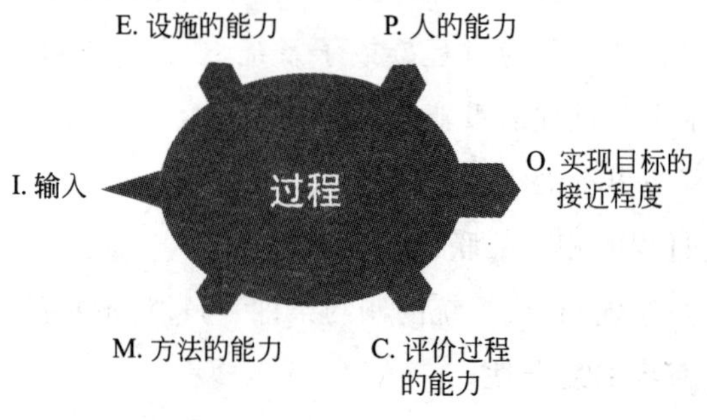

图 8-5　过程的四种能力

有效性用实现过程目标的一组数据表示，这一组数据的平均值就是过程能力，过程能力指数习惯用“C_p”表示，其计算公式为：

$$C_p=\frac{\text{目标数据平均值}}{\text{预期目标值}}$$

将预期目标的实现情况分成若干个区间，这样便于观察平均值所处的位置，见图 8-6：

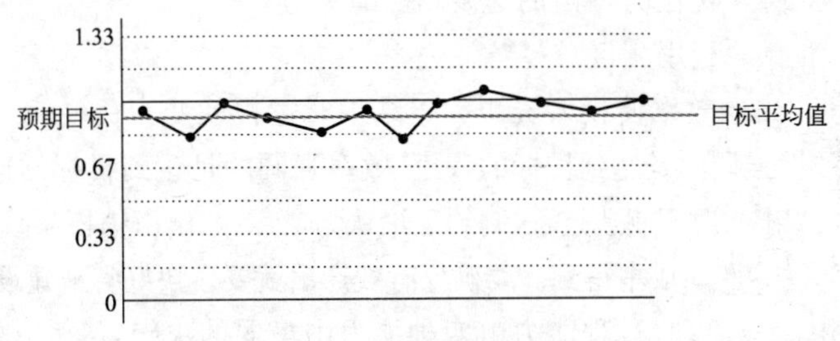

图 8-6　目标的实现情况

过程能力评价见表 8-1：

表 8-1　过程能力评价

过程能力指数	评价	说明
$1.67<C_p$	过程能力很充裕	大于 10 个目标区间，表示预期目标定得太低，过程能力过剩造成资源浪费
$1.33<C_p\leqslant 1.67$	过程能力充裕	在 8～10 个目标区间之间，表示预期目标定得偏低
$1.0<C_p\leqslant 1.33$	过程能力有剩余	在 6～8 个目标区间之间，表示预期目标定得保守
$0.83<C_p\leqslant 1.00$	过程能力正常	在 5～6 个目标区间之间，表示目标定得恰当，即目标遵循了略高原则，如果目标偶尔达到，就要维持一段时间
$0.67<C_p\leqslant 0.83$	过程能力不足	在 4～5 个目标区间之间，表示目标定的偏高
$C_p\leqslant 0.67$	过程能力严重不足	小于 4 个目标区间，表示目标定的过高

在过程的细节上还会有衡量的指标或要求，过程能力应在指标或要求的 1～1.33 倍之间，这时过程才具有优势，例如，顾客要求 4 天交付，过程就要有 3 天的交付能力，要有剩余能力才能应付不稳定状态和突发事件。

过程效率也是过程能力的指标，例如：

1）实现目标的速度；

2）消化输入的速度（输入率）；

3）将输入转化为输出的速度（输出率）；

4）资源的利用程度。

不过，如果效率使投入资源大于结果时过程就变为负增值。

有效性强调的是达到目标的程度，效率强调的是达到目标的速度，统称为有效产出。对于制造过程，制约理论认为，有效产出由销售额减去原材料和零部件等变动成本得到。要确保有效产出就要多快好省地建设过程。

应用短板原理，过程能力由四种能力中最弱的决定，尽管它们同时作用在过程上，相互制约，又不像生产各工序都有数量上的可比性，但差异客观存在。见图 8-7。

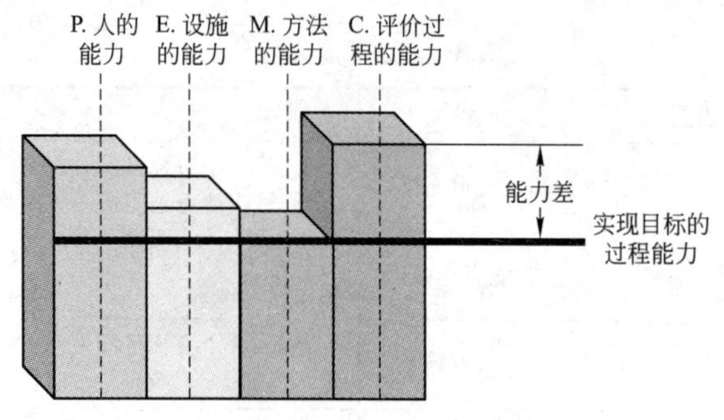

图 8-7　能力的短板

管理过程的四种能力分析：

1）“设施的能力”相对稳定，可以准确测量，这些设施大多是电脑、专门软件以及输出所需的设施（例如打印机、复印机之类）；

2）“方法的能力”是专业、经验、知识、智慧固化的反映，方法越先进且适合时能力就越强，但很难独立测量。通常，方法的制定者与执行者并非一个人，在制定方法时是人的能力决定方法的能力，在执行方法时是方法的能力决定人的能力。故此，当让一个有能力的人去制定方法，而让一个能力低的人去执行时，方法便赋予了执行者的能力，便能做出超出自身能力的事情来。同时，方法的能力还体现在效率上；

3）“人的能力”主要体现在理解、执行以及应变的能力上，因为方法已经固定，就需要执行者的技能和经验去做保证，这就是为什么由不同的人执行同样的方法时效果不同的原因，通常用办事效率去测量；

4）“评价过程的能力”不易测量，但可以体现在以下方面：

- 过程准则（目标、指标、要求）的适宜性；
- 所采用的测量和统计方法的适宜性；
- 数据获取的方法包括及时性和准确性。

但是，一级过程通常都有几个目标，这些目标实现的综合数据才是它真正的业绩。图 8-8 是生产过程目标数据的综合图形，从中可以观察到目标实现的平衡性，可以找到短板。

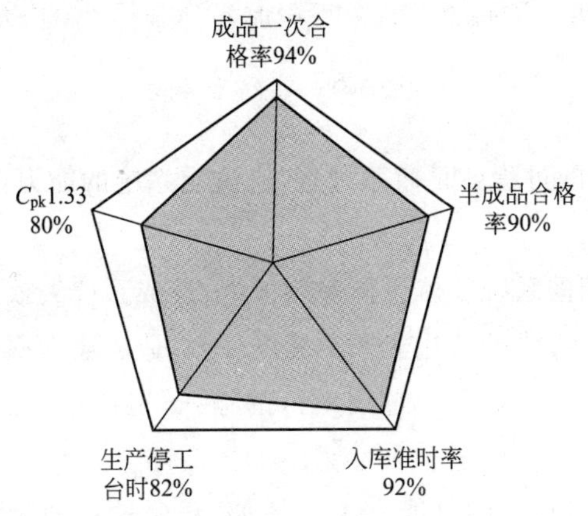

图 8-8 生产过程目标实现图形

系统优化原则

- 过程能力略大于过程要求；如果顾客要求 4 天交付，过程能力应为 3 天。
- 如果过程能力过大就要重新配置资源。

五、瓶颈过程

根据制约理论的原理，图 8-9 中第二只金龟速度最慢，它决定了整个系统的速度：

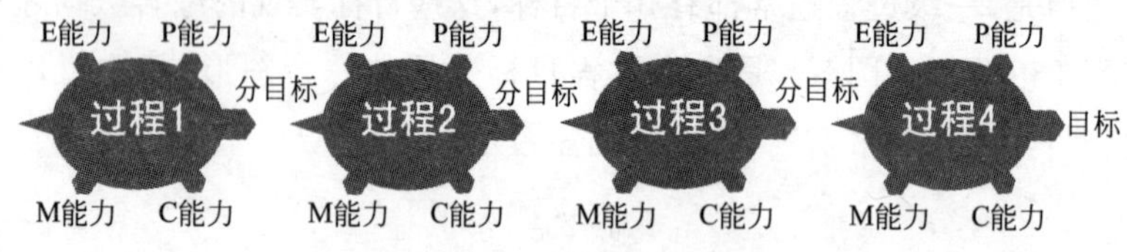

图 8-9　系统制约

能力最弱的过程就是瓶颈过程，它决定系统的能力，具体表现在以下几个方面：

1）与预期的系统整体目标差距最大，造成系统失效；

2）在过程边界处消化输入的速度最慢，造成输入积压，系统停滞；

3）无法按时提供下一过程期待的输入，造成下一过程等待，系统中断时间最长。

表 8-2 是过程之间可能发生的情形，只要过程消化不良就会出现瓶颈流程。

表 8-2　过程之间可能发生的情形

输出对应输入	输入对应输出
一个输出对应一个输入	一个输入对应一个输出
二个输出对应一个输入	二个输入对应一个输出
三个输出对应一个输入	三个输入对应一个输出
四个输出对应一个输入	四个输入对应一个输出
五个输出对应一个输入	五个输入对应一个输出
六个输出对应一个输入	六个输入对应一个输出

如果不从系统的角度去考虑,过程本能地重复便无法感知能力的过剩或不足,这时盲目地提高某些过程能力对系统可能是无任何帮助的,只有发现它们存在制约系统运作时才对过程进行优化。考察过程能力是在系统中进行的,所以,在系统中才能确定哪些过程需要优化,瓶颈过程是优化的对象。

六、系统能力

因过程具有能力,由过程组成的管理系统就具有能力,管理系统就赋予了组织的能力,而组织的能力又集中反映在业务过程的能力上,业务过程的能力是生产力的重要组成部分。这样一来,过程优化实质就是提升组织的整体能力。

所以,要确定系统能力首先就要识别和确定有哪些业务过程,顾客导向过程和支持性过程基本上都是业务过程,它们都要制定目标,目标水平就是系统能力的表达。

然而,目标是相互制约的,具有系统性,例如:

目标	制约目标	说明
销售额	• 回款额	产品销售了很多，但款收不回来业绩也是虚的
准时交付率	• 退货率 • 附加运费 • 生产计划完成率	• 如果经常退货，准时交付率越高越危险。 • 如果很狼狈地准时交付，例如汽车改用飞机运输、一次交付变成多次交付等增加了附加运费，都不是真正的准时交付。 • 生产计划完成率的达成才能确保准时交付率
生产计划完成率	• 生产效率 • 加班工时 • 设备完好率	• 编制生产计划是基于很低的生产效率时，那么生产计划完成率是没有意义的。 • 采用很多不正常加班去完成生产计划也是不正常的。 • 有很好的设备完好率才能确保生产计划完成率
产品开发项目按时完成率	• 产品开发一次成功率 • 销售额	产品开发项目按时完成并不等于成功，如果产品推出市场后销售额很低，或者还要经过多次设计修改才能卖得出去，即便产品开发的速度再快都是没有意义的
顾客满意度	• 售后服务成本 • 产品成本 • 准时交付率 • 产品合格率	如果依赖高成本的售后服务、高成本的产品制造去获取很高的顾客满意度是非常危险的
设备完好率	• 设备利用率 • 维修工时比率	设备利用率很低，或者根本未使用，那么设备完好率是不成立的，或者维修工时比率过高，那么设备完好率也是不可靠的
产品合格率	• 质量成本	计算产品合格率时必须计算质量成本

以上目标总有一个是最弱的，它影响系统业绩，那么所谓的**系统能力就是由实现这个目标能力最弱的业务过程决定的，**这个就是瓶颈过程。

图 8-10 就是系统综合能力的图形：

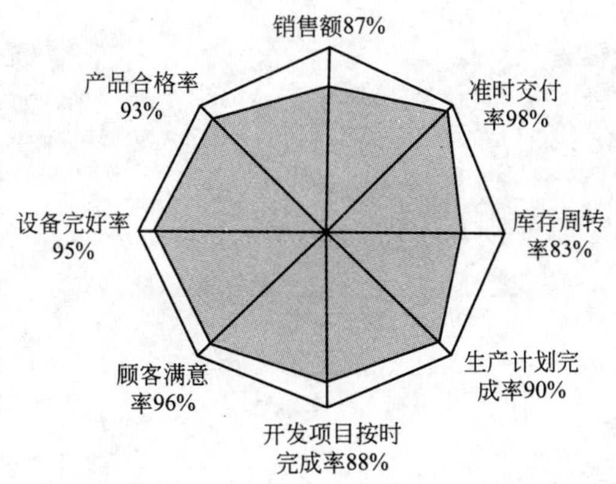

图 8-10　系统的综合能力分布图

目标最低的并不是最弱的，例如设备完好率只达到 95%，但就能满足 100%交付。所以，我们要从以上目标的逻辑关系中给予它们权重，权重最大的就表示目标最弱。其余目标即便不能达成也不会影响整体的业绩。也就是说，能力很强的过程即便有能力达成更高的目标也没有意义，也会浪费资源。

七、消除瓶颈过程

首先考虑的是瓶颈过程自身的优化，就是考虑提升金龟图的四个能力，见图 8-11：

瓶颈过程自身优化后也不能满足要求时，再考虑提高资源的质量，如图 8-12：

如果也不能解决问题就考虑分拆两个过程去分担，将一个目标分解成两个或更多的目标，如图 8-13：

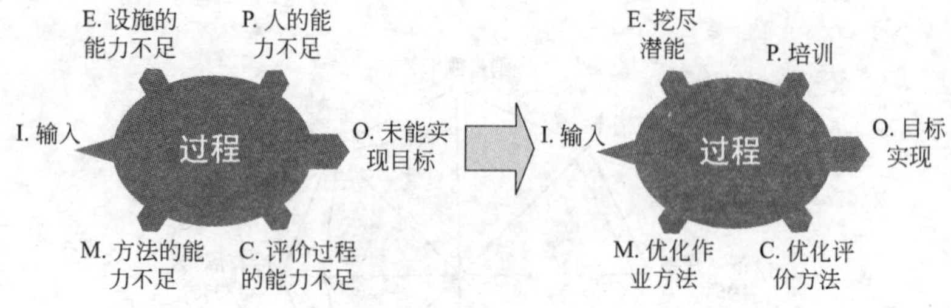

图 8-11　优化过程自身的能力

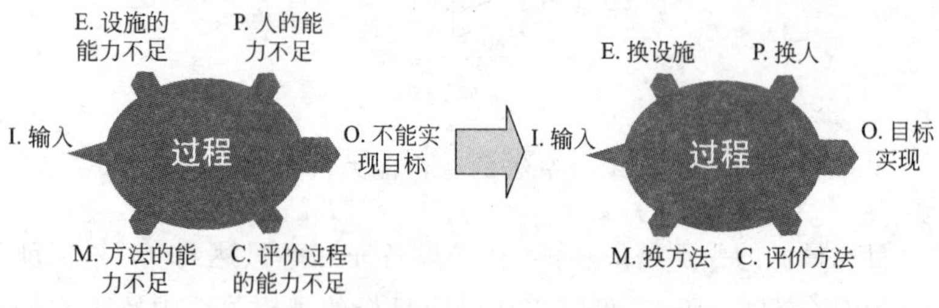

图 8-12　换设施、换人、换方法

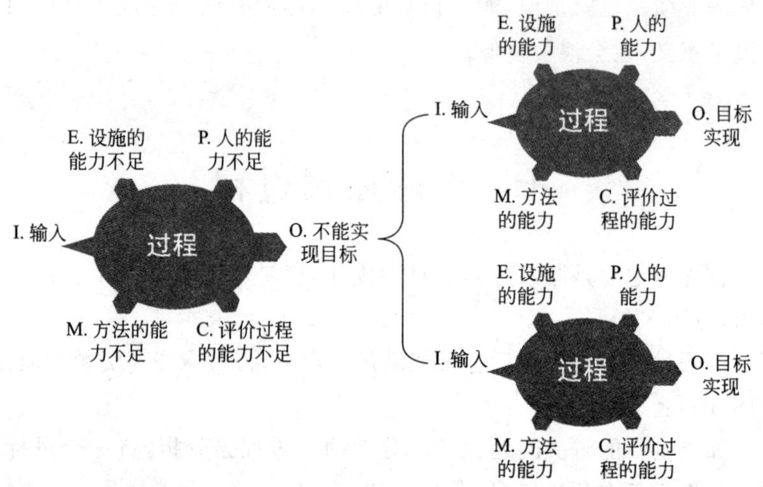

图 8-13　由两个过程分担一个过程的能力

八、最小单元过程

系统由过程组成，所以首先要界定过程，通常从以下几个方面界定：

1）活动一旦赋予输入和输出都可以界定为过程；

2）由实际的需要界定过程；

3）根据活动的分类或范围界定过程；

4）通过成熟的体系界定过程。

对于所界定的过程，如果过程还可以分解，我们希望分解到最适宜的程度，这时所分解的过程我们称为“最小单元过程”，见下图。

过程→子过程……→最小单元过程

在最小单元过程的基础上搭建体系，这才是最合适的，这种方法称为“金字塔”方法，即“由下而上”建立体系的方法。

要使体系具有稳定性就要依赖过程的稳定性，而最小单元过程是最具稳定性的，很多组织通过所列的第三层文件清单或基层文件清单就是确定组织最小单元过程的一种方法。

九、活动、过程与体系

体系由过程组成，过程由活动组成，归根到底体系由活动组成，即体系真正的基础是活动。这里所说过程和活动就是“最小单元过程”和“最小单元活动”，见图 8-14。

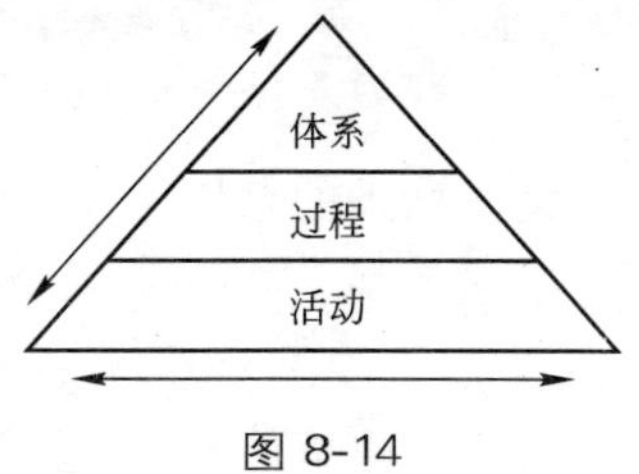

图 8-14

既然如此，体系的变化归根到底是活动的变化。一个活动的微妙变化未必能触动体系，但当体系觉察到变化时可能已经失控，这是因为很多活动变化累积的结果，量变导致了质变。然而由于活动的分散性，使每一个人都很难觉察到体系发生了质变，即便觉察到却找不到原因，管理所担心的就是出现这种情况。为使体系敏感，其层次不宜过多，以下是原则：

1）体系的层次最好不要超过两层；

2）过程的层次最好不超过三层。

如果不符合以上的原则就需要进行整合。

过程树是体系模式的展开，见图 8-15，或者说体系就是一串葡萄。

从体系到过程，从过程到活动，是一个从复杂到简单的过程，它启发了我们对体系进行分解，所分解的最小单元活动就是体系真正的基础。如果以 S 代表体系，P 代表过程，以 A 代表最小单元活动，体系中有 m 个过程，那么：

$$S = \sum_{i=1}^{m} P_i = P_1 + P_2 + P_3 + \cdots + P_m$$

$$P = \sum_{j=1}^{l} A_j = A_1 + A_2 + A_3 + \cdots + A_l \quad (l > 3)$$

则：

$$\begin{aligned} P_1 &= A_{11} + A_{12} + A_{13} + \cdots + A_{1l} \\ P_2 &= A_{21} + A_{22} + A_{23} + \cdots + A_{2l} \\ P_3 &= A_{31} + A_{32} + A_{33} + \cdots + A_{3l} \\ &\vdots \\ P_m &= A_{m1} + A_{m2} + A_{m3} + \cdots + A_{ml} \end{aligned}$$

设 S 活动的总量为 n（可以在电脑中预先贮存），那么：

$$n = \sum_{i=1}^{m} \sum_{j=1}^{l} A_{ij} \quad (l > 3)$$

因活动的总量大于过程的总量，m 决定了体系的规模，n 决定了体

体系
子体系
大过程
子过程
最小单元过程
母章鱼
子章鱼
母金龟
子金龟
最小单元过程
组织体系模式
部门体系模式
过程树
设计和开发过程树
设计室负责
设计和开发控制程序
电脑室负责
技术状态控制程序
设计任务书
产品设计开发计划
设计方案评审记录
设计和开发评审记录
设计计算书
材料清单
新产品确认书
新材料确认规定
新材料试验申请表
材料试验结果
工艺制定规定
样机批准规定
样机分析报告
性能试验结果
新产品试产申请
试产管理规定
新产品试产计划
新产品试产报告
设计更改规定
设计更改通知单
网络与软件使用规程
网络与软件使用申请表
网络使用者维护表
技术、资料管理规定
机密文件作废报批表
专利管理规定
技术转移规定
技术数据共享规定

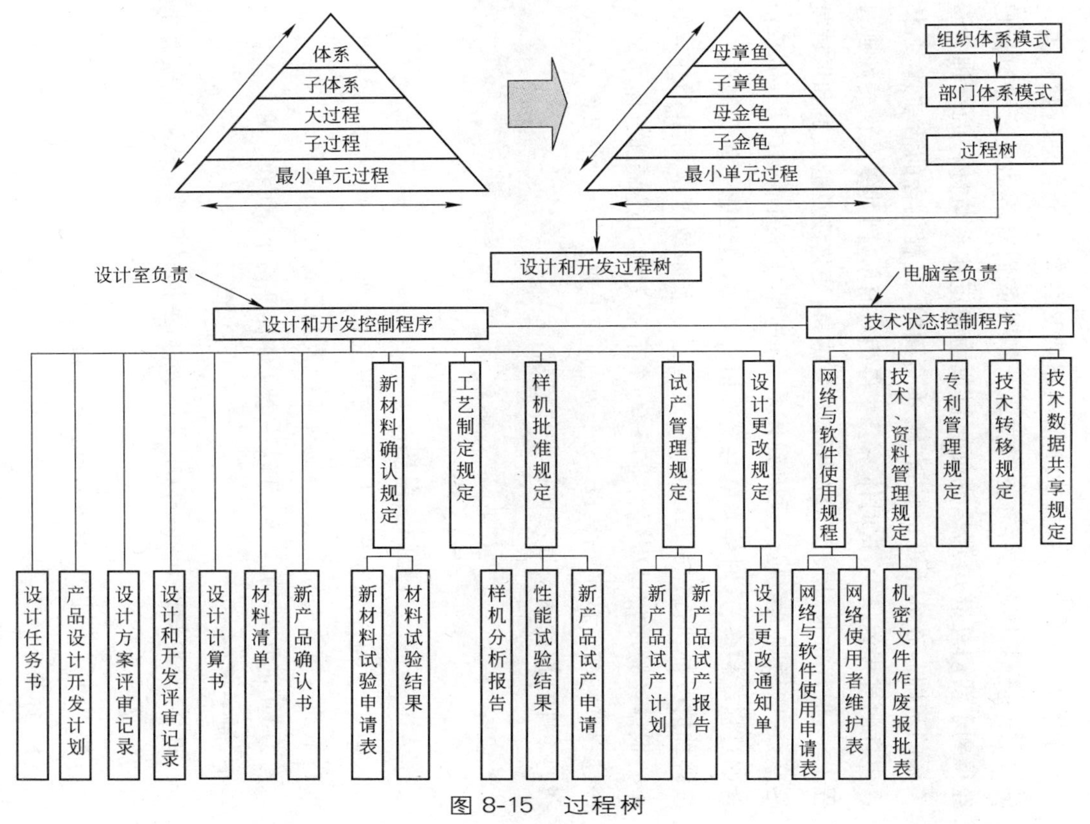

图 8-15　过程树

系的复杂程度，同时又是体系规模的基础，或者说体系的复杂程度是由活动的多少而非过程的多少决定的。

事实上，一个过程由多少个活动组成是存在一个合理的数量关系的，同样过程与体系也存在这种关系。既然我们对活动进行分解后已经得到了活动总量 n，那么它便可以成为确定体系与过程的合理数量关系的基础。在 n 不变的情况下，不言而喻，过程包含的活动越多，体系包含的过程就越少，这时体系会变得相对简单，因其复杂性转嫁到过程上了，但代价是过程变化的频率就会越高，变化涉及的人员和区域就越广，这些影响最终也会反映到体系上；过程包含的活动越少，体系包含的过程就越多，这时体系就会变得相对复杂，应变能力就会减弱。无论哪种情况都使得控制出现困难，过程过于复杂或过于简单都并非好事。根据经验通常过程包含 30～60 个活动为宜，也就是说，体系的每一过程平均包含的活动数以 45 个为宜，少于或多于 45 个系统都是复杂的。即合理的体系规模可以这样表示：

$$\text{体系规模}(m) \approx \frac{n}{45}$$

选择 45 这一基数的依据是：

1）30～60 个活动再加上说明和要求，文件篇幅在 3～5 页之间（不包括附录），该篇幅较为适中，这对于阅读和执行有利；

2）60 正好为 30 一倍，可以一个文件拆开两个，也可以两个合并为一个，便于整合。

这样，只要知道 n 就可以定义体系，体系的过程数量大致也就有个合理的范围了。

如果过程超过 60 个活动，这时过程的优化原则为：

1）合并一些活动；

2）把部分活动组合到其他过程中；

3）把一个过程分成两个过程。

如果过程少于 30 个活动，这时过程的优化原则为：

1）把该过程与其他过程组合；

2）把该过程的活动分到其他的过程中。

不过，少数文件超过 60 个活动范围内也是正常的，特别是一些专项的、技术性的文件其连贯性不能分拆就会出现篇幅较长的文件。

此外，在优化体系时还可以考虑：

1）将相同的或类似的活动变成通用性的规定；

2）在频率高的活动上应用新技术或新方法，特别出现瓶颈时更应如此；

3）若活动的频率高且所需的技能较低时宜采用设施去替代；

4）先考虑活动的相互作用的效果，再考虑减少活动。

活动、过程和体系的关系实质就是点、线、面的关系。体系是宏观控制，必须把握方向；过程是微观控制，必须注重细节；体系比过程抽象，过程是使抽象具体化，从宏观控制到微观控制是管理成熟的标志之一。

系统规模只是一个合理的参考值，它是动态的，会因活动数量的变化而变化，也因为以下原则发生变化：

系统优化原则

- 定性的准则不要超过 30%
- 不增值的活动不要超过 30%
- 组织范围内共性的活动不要超过 30%
- 管理过程的比例不要超过 30%

第九章　审核的过程方法

定期的管理体系审核的目的是发现过程缺陷，而「面向部门的审核」与「面向过程的审核」会导致两种不同的审核方式和思路，后者会发现深层次的问题，是真正的有效性审核。

一、内部审核

内部审核是维持和改善过程的一种常规活动，它有三个特性：

1）客观性——基于客观的证据和客观的评价；

2）系统性——基于预先策划的审核程序、审核计划和审核检查表；

3）独立性——基于独立的审核员。

所谓独立的审核员是指：

- 审核员与被审核的活动无关，即不能审核自己的工作；
- 审核员与被审核的文件无关，即被审核的文件不是审核员编写的；
- 其审核活动不受干预。

也就是由过程之外的人去审核过程，以避免：

- 护短；
- 当局者迷；
- 徇私。

内部审核的级别可以有：

1）业绩审核；

2）有效性审核；

3）符合性审核；

4）完整性审核。

当然最高的级别是业绩审核，最低的级别是完整性审核。而在有效性审核与业绩审核之间包含了过程增值和效率的审核。

审核有三种：体系审核、过程审核和产品审核。审核形式见表 9-1。

表 9-1 审核形式

代号	审核形式	说明
1	文件审核	现场审核前对体系文件的审核
2	报送审核	涉及高层管理部分的审核、体系新增部分和新增部门的文件审核、审核问题的纠正措施的审核
3	现场审核	计划内在被审核方现场对管理体系的审核、包括单独对体系新增部分和新增部门的审核以及纠正措施的现场验证
4	强制审核	强制对特殊情况、严重事件的现场审核
5	事前审核	新产品投入或特别事项处理前的文件审核或现场审核
6	事后审核	新产品投入或特别事项处理后的文件审核或现场审核
7	专项审核	在设计、制造上就技术专业方面(包括与专家一起)的现场审核
8	联合审核	与外部组织一起进行的现场审核
9	委托审核	委托相关方(如第三方、顾客)的现场审核
10	申请审核	出于特别的考虑,审核方与被审核方自愿提出的特别审核、追加审核或例外审核

下面是介绍“体系审核的过程方法”,它与传统的审核方法有根本的区别。

二、过程方法的基本审核思路

我们借助常见的 ISO 9000 标准的管理模式去说明审核的过程方法,如图 9-1。

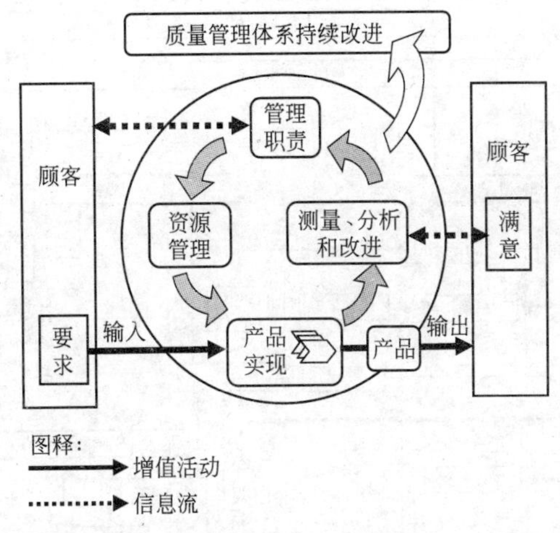

图 9-1　以过程为基础的质量管理体系模式

根据图 9-1,整体审核的基本思路为:

1）先审核“管理职责”,再审核“资源配备”,然后审核“业务过程”,最后审核“测量、分析和改进”。每一部分的输出成为下一部分的输入;

2）先审核“实线”,再审核“虚线”。实线表示顾客的要求通过若干过程(框内箭头)逐级转化为最终输出(产品)的一个增值过程;虚线表示识别顾客的潜在需求,关注顾客的反馈,确定发展方向。即先审核满足顾客要求,再审核可持续发展;

3）先审核“圆内”(组织内部业绩),再审核“圆外”(同行比较或业绩比较)。

这是体系结构所决定的基本审核思路。

图 9-2 是图 9-1 的展开,其审核思路为:

1）找出图 9-2 中各过程的输入和输出,审核这些过程的相互作用,或者将相邻的过程进行关联审核;

2）从这些过程中展开其他子过程的审核。

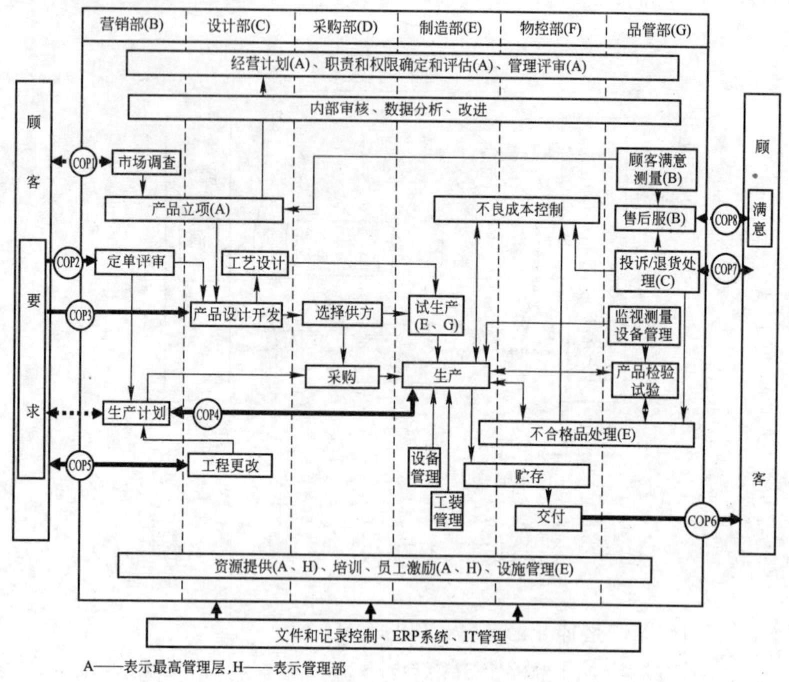

图 9-2 管理体系模式展开

三、金龟图的审核顺序

过程 6 个要素的审核顺序见图 9-3。

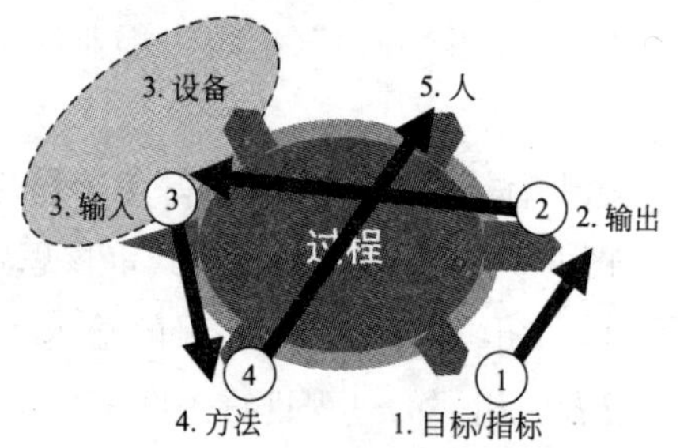

图 9-3 金龟图的审核顺序

原理:如果过程不能达到预期的目标/指标,则有效性存在问题,首先要在输出上找原因,如果输出有问题则在输入/资源上找原因,如果输入转化成输出有问题则在方法上找原因，如果资源使用和方法执行有问题则在人的技能上找原因。这就是金龟图审核的逻辑关系，是带着问题往前追溯的审核原理。

例如：

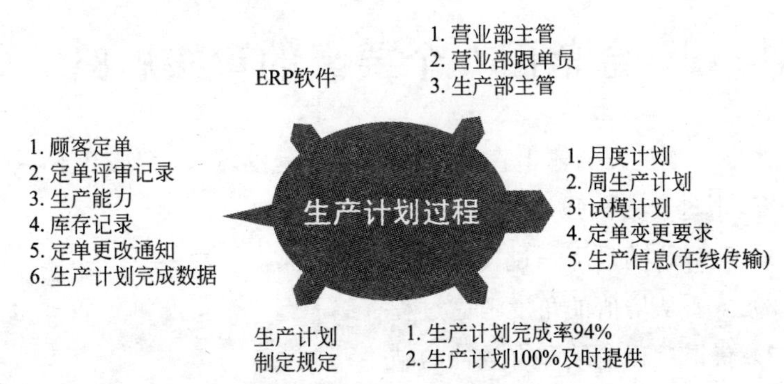

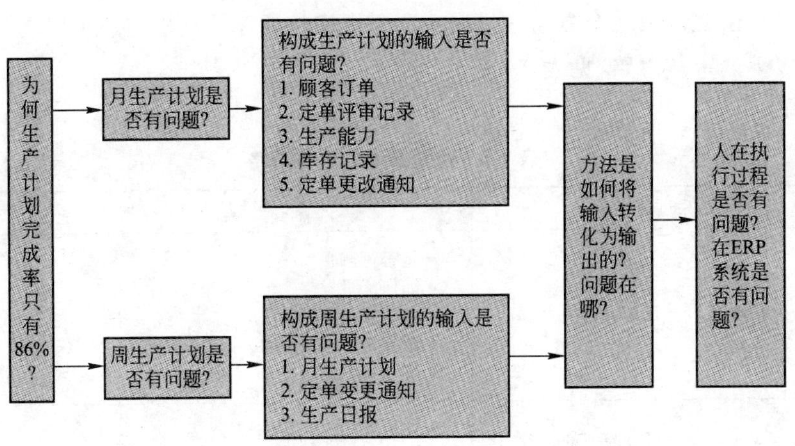

这一审核顺序就是“以结果为导向”的审核方法，因为所有输入、资源和方法都是为结果服务的。有效性的定义是：完成策划的活动并得到策划的结果的程度。符合性审核可以抽样，而有效性审核就应遵循逻辑关系，就不能从在6个要素中进行抽样。

如果输出、输入/资源和方法都没有问题，则需要检讨目标是否定得过高。如果目标指标已经达成就进行符合性审核，同时查是否有持续改进的记录。

四、金龟图6个要素的审核思路

如果一个过程的输出直接成为下一过程的输入时，那么下一过程是顾客，则过程方法强调以下方面的重要性：

1）理解并满足下一过程的要求；

2）需要从增值的角度考虑过程；

3）获得过程业绩和有效性的结果；

4）基于客观的测量，持续改进过程。

围绕以上几个方面在过程6个要素审核顺序的基础上还可以展开以下的审核思路，见表9-2。

表9-2 过程要素的审核思路

过程要素		审核思路
评价准则	目标、指标	• 是否可测量？ • 如何测量？ • 如何获得数据？ • 数据是否形成趋势？ • 是否有持续改进？
输出	可以验证的资料、计划、报告、记录、方案、数据、文件、产品等	• 往何处去？（与下一过程接口） • 需要把关吗？ • 把关的准则/要求是什么？（下一过程的要求） • 理解下一过程的要求吗？
输入	可以验证的法规、资料、要求、报告、计划、记录数据等	• 从哪里来？（与上一过程接口） • 需要把关吗？ • 把关的准则/要求是什么？（对上一过程的要求）

续表 9-2

过程要素		审核思路
材料、设施	使用的设备、计算机系统(硬件和软件)、工具、材料等	• 资源是否适宜、充分?(用词:适宜的、必要时)
方法	程序、作业指导书、过程、惯例等	• 是否需要形成文件?(用词:必要时、必要的) • 是否适宜?(用词:适当时、适用时、适宜的) • 是否有效?
责任人	过程的责任部门、岗位	• 责任者的能力是否胜任,包括使用资源的能力?

五、“问”与“查”的过程方法

“问”与“查”是审核过程必须的环节,其过程方法见表 9-3。

表 9-3　“问”与“查”的过程方法

过程方法	审核思路
以预期的结果决定方法	先问目标,再问支持的过程 先查目标的实现情况,再查过程的实施情况
	先问要求,再问实现的方法 先查结果,再查实现的方法
以过程的输出决定管理接口	先问过程输出,再问输出的去向 先查过程输出,再查过程接口
以预期结果决定资源	先问目标,再问资源配备 先查目标,再查资源配备
	先问要求,再问资源配备 先查要求,再查资源配备

续表 9-3

过程方法	审核思路
以过程决定职责	先问目标，再问部门职能 先查目标，再查部门职能
	先问过程，再问岗位职责 先查过程，再查岗位职责
以过程的一组结果决定过程业绩	先查一组过程的结果，再查体系业绩 先查过程的一组结果，再查过程业绩
闭环原则	先问过程结果，再问结果的反馈 先查过程结果，再查结果的反馈

六、审核计划的过程方法

每次审核的策划主要考虑两点：

1）重点在顾客导向过程（COP）上，并考虑顾客的特殊要求和顾客当前的评级、通知和关注的问题；

2）组织当前关注的问题；

3）识别当前过程的重要性，并同时考虑过程的相互作用。

以下是以过程方法进行策划的审核计划：

2010 年管理体系内部审核计划

一、审核组：

组长：李丝佳。组员：麦文景、吴江、刘宇。

二、审核时间：

2010 年 8 月 15～30 日。根据以下安排审核员与被审核方自行商榷具体审核日期。

<table>
<tr><th colspan="2">第一组:李丝佳、麦文景</th><th colspan="2">第二组:吴江、刘宇</th></tr>
<tr><th>审核过程</th><th>审核部门</th><th>审核过程</th><th>审核部门</th></tr>
<tr><td>1. 订单处理过程(COP1)
2. 顾客满意测量过程(COP6)*
3. 售后服务过程(COP7)</td><td>营销部</td><td>1. 产品质量先期策划过程(COP2)
2. 工程更改过程(COP4)*
3. 文件和记录控制过程(SP1)</td><td>研发部
跨部门
小组</td></tr>
<tr><td>1. 生产过程(COP3)
2. 产品贮存过程(SP6)
(包括夜班审核)</td><td>制造部</td><td rowspan="3">1. 产品检验试验过程(SP8)
2. 不合格品控制过程(MP5)
3. 测量设备管理过程(SP7)
4. 文件和记录控制过程(SP1)
5. 数据分析过程(MP6)
6. 改进过程(MP7)</td><td rowspan="3">品质部</td></tr>
<tr><td>1. 交付过程(COP5)
2. 产品贮存过程(SP6)</td><td>贮运部</td></tr>
<tr><td>采购过程(SP3)</td><td>采购部</td></tr>
<tr><td>1. 改进过程(MP7)
2. 内部审核过程(MP4)</td><td>管理者
代表</td><td>1. 设备管理过程(SP4)
2. 工装管理过程(SP5)</td><td>设备部</td></tr>
<tr><td>1. 管理评审过程(MP3)
2. 业务计划管理过程(MP1)
3. 质量成本控制过程(MP2)
4. 资源提供过程(SP2)</td><td>总经理
办公室</td><td>人力资源管理过程(SP4)*</td><td>行政部</td></tr>
<tr><td colspan="4">审核组总结会议,与各部门负责人交换意见</td></tr>
<tr><td colspan="4">末次会议时间另行通知</td></tr>
</table>

注:"*"表示当前重要过程。

1. 新开发的产品 RH-504 获得顾客批准后顾客又到现场审核过两次,对存在问题提出了关注的意见和满意评级标准,故顾客满意测量过程(COP6)为当前重要过程。
2. 最近四个月工程更改发生的频次较多,出现混乱现象,例如更改数量不一致、标识错误、漏检等,故工程更改过程(COP4)为当前重要过程。
3. 目前是员工流动高峰期,新招人员较多,将影响产品质量和准时交付,故人力资源管理过程(SP4)为当前重要过程。

编制审核计划时是基于"过程—职能表":

过程—职能表

体系过程 \ 部门		管理层	管代	营销部	研发部	采购部	制造部	品质部	设备部	贮运部	行政部
顾客导向过程	订单处理过程(COP1)			▲	△	△	△	△		△	
	产品质量先期策划过程(COP2)	△	△	△	▲	△	△	△	△	△	
	生产过程(COP3)			△	△	△	▲	△	△	△	
	工程更改过程(COP4)			△	▲	△	△	△	△		
	交付过程(COP5)			△			△	△		▲	
	顾客满意测量过程(COP6)			▲							
	售后服务过程(COP7)	△	△	▲	△			△			
支持过程	文件和记录控制过程(SP1)			△	▲	△	△	▲	△	△	△
	资源提供过程(SP2)	▲	△		△	△		△	△		△
	人力资源管理过程(SP4)	△		△	△	△	△	△	△	△	▲
	采购过程(SP3)	△			△	▲		△		△	
	设备管理过程(SP4)				△		△	△	▲	△	
	工装管理过程(SP5)				△		△	△	▲		
	产品贮存过程(SP6)						▲			▲	
	测量设备管理过程(SP7)				△		△	▲	△		
	产品检验试验过程(SP8)				△		△	▲			
管理过程	业务计划管理过程(MP1)	▲	△	△	△	△	△	△	△	△	△
	质量成本控制过程(MP2)	▲	△	△	△	△	△	△	△	△	△
	管理评审过程(MP3)	▲	△	△	△	△	△	△	△	△	△
	内部审核过程(MP4)	△	▲	△	△	△	△	△	△	△	△
	不合格品控制过程(MP5)				△	△	△	▲		△	
	数据分析过程(MP6)	△	△	△	△	△	△	▲	△	△	△
	改进过程(MP7)	△	▲	△	△	△	△	▲	△	△	△

注:“▲”表示主要责任部门,“△”表示相关部门。

如果有产品审核和制造过程审核，则审核策划顺序是：

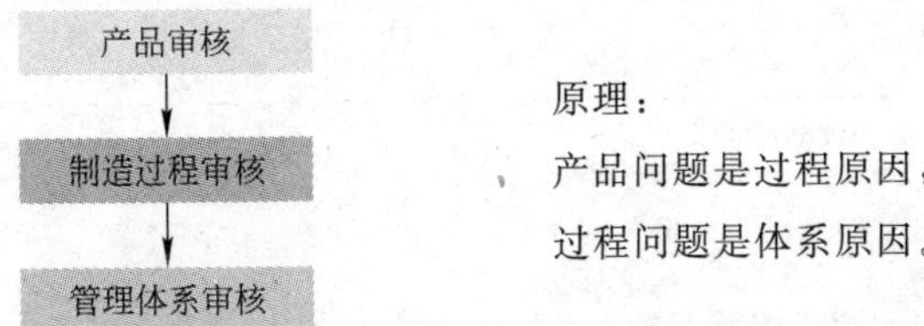

原理：

产品问题是过程原因，

过程问题是体系原因。

七、审核检查表的过程方法

传统的审核检查表有两种：

1）标准检查表——针对要素审核；

2）应用检查表——针对部门审核。

所谓“标准检查表”就是将标准的陈述句变为疑问句，“应用检查表”就是将文件的陈述句变为疑问句（抽样），以下是应用检查表的实例。

审核检查表

<table>
<tr><td colspan="2">审核部门</td><td>品管部</td><td>编制日期</td><td>2010 年 8 月 4 日</td></tr>
<tr><td colspan="2">审核过程</td><td>文件控制过程</td><td>审核员</td><td>刘宇</td></tr>
<tr><td>文件条款</td><td colspan="2">审核项目</td><td colspan="2">审核记录</td></tr>
<tr><td>4.2.1</td><td colspan="2">1. 质量手册是否由总经理审批。程序文件是否管理者代表审批、作业指导书是否由部门经理审批，应确保文件的充分性与适宜性？</td><td colspan="2"></td></tr>
<tr><td rowspan="2">4.4.1</td><td colspan="2">2. 当文件在组织结构、职能、作业环境发生变化时是否提出评审以确定是否需要更新？</td><td colspan="2"></td></tr>
<tr><td colspan="2">3. 更新后应再次得到审批？</td><td colspan="2"></td></tr>
</table>

续表

审核部门		品管部	编制日期	2010年8月4日
审核过程		文件控制过程	审核员	刘宇
文件条款	审核项目		审核记录	
4.3.3	4. 分发的文件是否都加盖了“文件受控”印章,以表示文件更改和现行修订的最新版本?			
4.5.4	5. 文件在使用时是否保持清晰、易于作业者识别?			
	6. 文件如使用频次过多发现不清晰时应提出更换?			
4.6.2	7. 对国家产品标准、顾客技术资料研发部是否识别了其适用性,包括适用的部门,以便确保分发到这些部门中?			
	8. 必要时是否转换成本公司的技术文件?			
4.7.2	9. 适用的外来文件的分发登记在《外来文件发放记录表》中?			
	10. 新文件发放时是否同时回收作废文件,确保作废文件撤出使用现场?			
	11. 回收的作废文件如果需要保留是否加盖了“作废文件”印章?			

传统检查表都是以“点”审核的,而审核的过程方法则是以“线”或“面”审核,所以过程方法不再使用标准检查表,也不提倡使用应用检查表,而是以“金龟图”为基础编制审核检查表,或直接将金龟图转换成审核检查表,例如:

COP2—生产计划过程审核检查表

过程名称	责任者	输入/资源	方法	输出	准则	条款
生产计划过程	1. 营业部主管 2. 营业部跟单员 3. 生产部主管	1. 顾客定单 2. 定单评审记录 3. 生产能力 4. 库存记录 5. 定单更改通知 6. 生产日报表 ERP 软件（资源）	生产计划制定规定	1. 月度计划 2. 周生产计划 3. 试模计划 4. 定单变更要求 5. 生产信息	1. 生产计划完成率 2. 生产计划提供及时率	7.5.1.6 6.3.2
审核记录：						
综合评价：						

或者：

<table>
<tr><th colspan="7">COP2—生产计划过程审核检查表</th></tr>
<tr><td colspan="3">主要责任部门:营销部</td><td colspan="3">相关部门:生产部、品质部、技术部</td><td>审核员:</td></tr>
<tr><td colspan="7">NC=一般不符合项,S=严重不符合项,D=缺陷</td></tr>
<tr><td>输入(I)</td><td>输出(O)</td><td>绩效指标</td><td>文件</td><td>条款</td><td>审核记录/
客观证据</td><td>结果分类
(NR/S/D)</td></tr>
<tr><td>1. 顾客定单
2. 定单评审记录
3. 生产能力
4. 库存记录
5. 定单更改通知
6. 生产日报表
7. ERP 软件(资源)

ERP 软件</td><td>1. 月生产计划
2. 周生产计划
3. 试模计划
4. 定单变更要求
5. 生产信息</td><td>1. 生产计划完成率94%
2. 生产计划 100%及时提供</td><td>1. 生产计划制定规定
2. 应急计划</td><td>7.5.1.6
6.3.2</td><td></td><td></td></tr>
<tr><td colspan="7">综合评价意见:</td></tr>
</table>

八、审核的过程方法所需的支持性资料

审核资料除了最基本的审核计划、海龟表、检查表外过程方法还需要以下的支持性资料：

1）过程的相互作用的表述，例如：

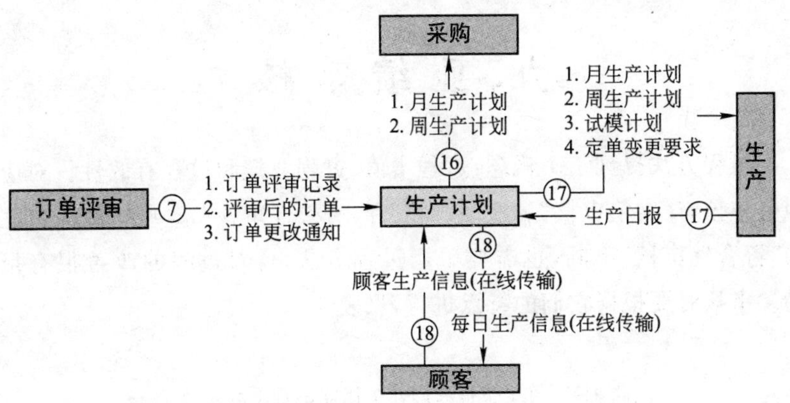

2）主要活动和责任表，例如：

相关部门 过程主要活动	营销部	设计部	采购部	生产部	品管部	物控部
1. 生产计划制定	●					
2. 生产例会	●	○	○	○	○	○
3. 生产计划调整	●					

续表

过程主要活动 \ 相关部门	营销部	设计部	采购部	生产部	品管部	物控部
4. 与顾客生产信息在线传输	●					◎
5. 生产计划进度跟进	●	○	◎	◎	○	◎

注:“●”表示主相关,“◎”表示中等机关,“○”表示次相关。

以上这些资料可以在管理手册中找到。

九、业 绩 审 核

过程方法提到三个概念:过程增值、过程业绩和过程有效性。对应地也应该有“增值审核”、“业绩审核”和“有效性审核”,这些审核与过往的“符合性审核”不同,也需要采用过程方法,这对过程的改善很有帮助。审核时要根据它们的特点进行,见表 9-4。

表 9-4　与业绩相关的几个概念的性质和特点

	过程增值	过程效率	过程有效性	过程业绩
性质	输入与输出的价值的比较	投入资源与产出的比较	实际结果与预期结果的比较	不断与上次成绩的比较,所以需要一组成绩
特点	以满足下一过程的需求的程度去计量	用完成过程的时间或速度去计量	以目标指标的达成程度去计量	以目标指标的达成程度以及输出的要求的满足程度去计量
对象	针对方法	针对方法	针对结果和方法	针对结果

也就是说，业绩审核的提前是过程已经明确了目标/指标，已经对输出规定了要求。例如：

对输出提出要求就可以评价符合性，对输出提出时间要求就可以评价效率

对过程提出目标/指标就可以评价过程有效性

过程名称	输入	输出	要求	目标/指标
生产计划编制过程	1. 顾客定单 2. 定单评审记录 3. 生产能力 4. 库存记录 5. 定单更改通知 6. 生产日报表	1. 月生产计划表	1. 月底25号前完成。 2. 能追溯到顾客订单	1. 生产计划完成率94%。 2. 计划100%及时提供
		2. 试模计划	接到月生产计划后两天内完成	
		3. 生产进度信息（在线传输）	1. 按顾客的方式和语言每两小时传输给顾客	
		4. 生产日报表	1. 当天4点前截数。 2. 见工时表	
		5. 周生产计划	1. 生产会议后一小时完成。 2. 因生产计划错误导致调整的次数不多于三次	

简单地说，只要输出是下一过程需要的，我们便可认为是增值的。

通过审核去确定过程是否增值、是否取得预期业绩、是否有效，为过程进一步的优化提供证据。

以下是有效性审核时的一些考虑：

1）审核目标/指标时不如先审核制定这些目标/指标的能力、基础和制度；

2）审核业绩时不如先审核业绩评价制度；

3）审核产品要求不如先审核顾客的要求；

4）审核过程要求时不如先审核体系要求和产品要求；

5）审核输出时不如先审核下一过程的要求；

6）审核资源投入时不如先审核资源方案；

7）审核操作时不如先审核程序；

8）审核计划不如先审核确认的项目；

9）审核项目合同时不如先审核项目方案。

目前的审核普遍都是符合性审核，其方法已经比较成熟。但“增值审核”、“有效性审核”、“业绩审核”的方法尚需探讨。表 9-5 比较了它们的不同。

表 9-5　几种审核的比较

	符合性审核	效率审核	有效性审核	业绩审核
审核特点	点审核	点审核	线审核	面审核
	抽样	抽样	过程方法，遵循逻辑关系	1. 系统方法 2. 基准比较 3. 涉及自我评价 4. 涉及经营、成本和财会的综合审核
审核性质	审核文件是否符合规定的要求	1. 审核方法是否达到预期的速度 2. 审核源配备的适宜性和充分性	1. 审核结果是否达到预期的目标/指标 2. 审核方法是否存在缺陷	1. 审核目标、指标是否具有的系统性、适宜性和充分性 2. 审核要求/规范的适宜性和充分性 3. 审核审核结果是否达到预期的目标指标
	审核实施是否符合规定的要求	方法验证或比较	审核实施是否存在缺陷	审核方法的适宜性、充分性和有效性
对审核员要求	对体系熟悉	涉及专业	1. 涉及管理经验，需要进行分析和评价 2. 审核组至少一名是领导成员	1. 涉及专业和管理经验，要进行结果观察、分析和评价 2. 审核组至少一名是领导成员
审核时间	时间短	时间短	时间较长	时间长

它们审核的顺序是：**首先审核符合性，再审核有效性，然后审核效率，最后审核业绩。**前者主要是发现不符合，而后三者则主要是发现过程缺陷，是过程优化的审核，比以发现不符合为目的的审核要有效得多。

由于过程优化的审核重点在缺陷审核上，所以不存在“观察项”。这时有两个分布表：“不符合项分布表”（见表 9-6）和“缺陷项分布表”，见表 9-7。

表 9-6　内部管理体系审核不合格项分布表

体系过程 \ 部门		管理层	管代	营销部	研发部	采购部	制造部	品质部	设备部	贮运部	行政部	总计
顾客导向过程	订单处理过程（COP1）						1					1
	产品质量先期策划过程（COP2）				1							1
	生产过程（COP3）						1		1			2
	工程更改过程（COP4）				1	1				1		3
	交付过程（COP5）											0
	顾客满意测量过程（COP6）											0
	售后服务过程（COP7）			1								1
支持过程	文件和记录控制过程（SP1）									1		1
	资源提供过程（SP2）											0
	人力资源管理过程（SP4）											0
	采购过程（SP3）					1						1
	设备管理过程（SP4）								1			1
	工装管理过程（SP5）											0
	产品贮存过程（SP6）						1			2		3
	测量设备管理过程（SP7）							1				1
	产品检验试验过程（SP8）							2				2

续表 9-6

体系过程 \ 部门		管理层	管代	营销部	研发部	采购部	制造部	品质部	设备部	贮运部	行政部	总计
管理过程	业务计划管理过程(MP1)											0
	质量成本控制过程(MP2)											0
	管理评审过程(MP3)											0
	内部审核过程(MP4)											0
	不合格品控制过程(MP5)						1			1		
	数据分析过程(MP6)											0
	改进过程(MP7)				1		1					2
总计		0	0	1	3		5	3	2	5	0	19

表 9-7 内部管理体系审核缺陷项分布表

体系过程 \ 部门		管理层	管代	营销部	研发部	采购部	制造部	品质部	设备部	贮运部	行政部	总计
顾客导向过程	订单处理过程(COP1)			2	1		1					4
	产品质量先期策划过程(COP2)		1		2	1	1					5
	生产过程(COP3)						2		1	1		4
	工程更改过程(COP4)			1	1			2		1		5
	交付过程(COP5)						1			1		2
	顾客满意测量过程(COP6)			1			1	1				3
	售后服务过程(COP7)			1								1
支持过程	文件和记录控制过程(SP1)				1							1
	资源提供过程(SP2)	1										1

续表 9-7

体系过程＼部门		管理层	管代	营销部	研发部	采购部	制造部	品质部	设备部	贮运部	行政部	总计
支持过程	人力资源管理过程(SP4)										2	2
	采购过程(SP3)					2						2
	设备管理过程(SP4)					1			1			2
	工装管理过程(SP5)								1	1		2
	产品贮存过程(SP6)									2		2
	测量设备管理过程(SP7)				1							1
	产品检验试验过程(SP8)							1				1
管理	业务计划管理过程(MP1)			1		1						2
	质量成本控制过程(MP2)						2	1				3
	管理评审过程(MP3)	1										1
	内部审核过程(MP4)		1									1
	不合格品控制过程(MP5)						1			1		2
	数据分析过程(MP6)			1	1				1			3
	改进过程(MP7)		1				1	1	1			4
总计		2	3	7	7	5	10	6	5	7	2	54

存在不足就是缺陷，表 9-7 说明过程存在多点缺陷。最后对过程进行整体评价时，一种很好的办法就是将过程的两个极端分成不同的等级和分数，审核时经过分析和判断给过程进行打分，只要不能获得满分就表示过程存在缺陷，都需要改进或优化。例如表 9-8。

表 9-8 过程评分表

描述	得分
1. 过程未形成文件，结果完全不符合要求，且管理经常出现问题	0

续表 9-8

描述	得分
2. 过程已经形成文件，但作业者不了解过程要求，结果有偏差，经常出现问题，记录很不充分	1
3. 过程已经形成文件，作业者已了解过程要求，结果绝大部分符合要求，但偶然会出现和问题，记录不充分	2
4. 过程已经形成文件，作业者已经深刻了解过程要求，文件已见成效，结果满足了最低要求，实施效果的证据可被证实	3
5. 满足第 4 项要求，但也与预期目标指标差距较大	4
6. 满足第 4 项要求，与预期目标指标差距不大，但效率不高，没有改进的证据	5
7. 满足第 4 项要求，偶然达到预期目标指标，但接口不畅顺，有多余的输出，没有改进的证据	6
8. 满足第 4 项要求，持续达到目标指标，过程畅顺	7
9. 在第 8 项基础上，有持续改进的证据，并超出期望的要求	8
10. 实施的效果已达到世界水平	9
11. 已达到最佳水平，有重大创新的证据，产生的结果超过顾客要求	10

表 9-8 中的评价主要是基于内审的证据。但这还不够，由于下一过程是顾客，故还需要下一过程的主要负责部门对该过程进行评价。评价时可参照表 9-9 进行。

表 9-9　过程评分表

描述	得分
1. 目标指标、要求与下一过程没有关联，没有理解下一过程的要求	0

续表 9-9

描述	得分
2. 输出不适宜，不充分，不能满足下一过程的输入要求	1
3. 效率低，经常使下一过程运作中断	2
4. 效率经常影响下一过程的运作	3
5. 偶然影响下一过程的运作	4
6. 能使下一过程正常运作	5
7. 输出简单，容易理解，方便下一过程正常运作	6
8. 能响应下一过程的变化	7
9. 超出下一过程的要求	8
10. 输出的速度促使下一过程改进	9
11. 主动协助下一过程改进	10

无可否认，以上的评价不能排除印象分和日常的记录分。评分应遵循从严原理，在 4 分与 5 分之间应给 4 分。

十、通用性过程的审核

通用性过程——与所有过程和部门都有关的过程，即所有的管理过程(MP)和通用的支持性过程。见表 9-10。

审核的过程方法的另一个特点是在审核“顾客导向过程”或“支持性过程”时审核一些通用性的问题，是将“通用性过程”融入业务过程中进行审核。

通用性过程的审核如下：

1）审核顾客的未来需求时审核资源策划；

表 9-10　通用性过程

COP 顾客导向过程	COP1 市场调查		COP2 定单评审	COP3 产品设计和开发			COP4 生产								COP5 工程更改	COP6 交付	COP7 投诉/退货处理	COP8 售后服务过程
SP 支持性过程	SP1 产品立项	SP2 经营计划	SP3 生产计划	SP4 工艺制定	SP5 新供方选择	SP6 试生产	SP3 生产计划	SP6 试生产	SP7 采购	SP8 设备管理	SP9 工装管理	SP10 监视测量设备管理	SP11 产品监视和测量	SP12 贮存	SP3 生产计划	SP12 贮存		SP13 顾客满意测量
	SP13：文件和记录控制，SP14：资源提供，SP15：培训，SP16：设施管理																	
MP 管理过程	MP1：职责权限确定和评估，MP2：不良成本控制，MP3：管理评审，MP4：员工激励 MP5：内部审核，MP6：不合格品控制，MP7：数据分析，MP8：改进																	

（SP13～SP16 及 MP1～MP8：这些过程都是通用性过程）

2）审核过程目标和指标时审核过程测量；

3）审核过程时审核职责和权限；

4）审核职责时审核人力资源提供；

5）审核过程时审核资源提供、文件控制和记录控制；

6）审核岗位时审核质量方针和目标的熟悉程度；

7）审核专业过程时审核专业培训；

8）审核不合格、顾客投诉时审核沟通和纠正措施；

9）审核记录时审核数据分析；

10）审核数据分析时审核改进措施；

11）审核重大的纠正和预防措施时审核改进的策划。

既然通用性问题是带进业务过程中去审核的，就不一定每次都提及，是凭当时的审核情形决定的。

十一、审核记录的过程方法

由于审核的过程方法采用了海龟表而非传统的检查表，所以审核记录也发生根本的变化。在过程方法中审核记录应成为审核思路的证据，因此借助一些有意义的审核记录符号就显得非常必要，见表 9-11。

表 9-11　审核记录符号

符号	含义及用途
——→	审核思路符号，表示审核思路的展开，也指向下一步的审核。它的功能是将所要审的相关活动串在一起，是审核“过程方法”的表现。
┐↓	追溯符号，表示要回头追溯有关的资料。它的功能是提示审核员还要查阅被审核方当时不能提供的资料，主要是接口部门的资料，通常在结束某区域的审核后进行。

续表 9-11

符号	含义及用途
○	待证实符号,表示审核员有待证实当时不能肯定的问题。它的功能是提示审核员在结束某区域审核后还需要花时间找相关部门或人员澄清审核过程有疑问的问题,主要是从专业的角度上予以澄清。
●	审核发现符号,表示一般不符合,审核结束后数一下这个符号的数量就知道发现了多少个问题了。若待证实符号"○"被证实有问题后,便将其涂黑,使空心圆变为实心圆;若被证实没有问题,则在其上打上"×",成为"⊗"。
D	表示发现缺陷。
▼	审核发现符号,表示严重不符合。若严重不符合有待证实,则用符号"▽"表示,确被证实后,便将其涂黑,使空心变为实心。
①、②、③	编号符号,表示抽样的编号,也可以表示审核的次序。
√	已证实符号,表示所证实的内容没有问题或正确。审核项目的所有细节都经核实并标记了该符号后才表示该审核项目是合格的。
×	已证实符号,表示所证实的内容存在问题或不正确。只要所展开的细节上有一个这样的符号都显示所审核的项目是不合格的。
—②—	延续符号,表示上一个审核事件的延续。它的功能是当一个审核项目涉及若干个过程或条款时或因记录需要延续在其他地方时使前后得以衔接。
*	重点符号。在审核检查表上或审核记录上标记该符号表示该处是重点审核内容。
{	并列符号。在该符号上并列出几个同一属性的审核内容,抽样经常要利用这一符号。
®	提示符号,表示特别提示。

符号是因人而异的,不同的审核员有不同的符号爱好,这完全是个人的决定。

写报告时可以采用专门的表示方式,例如,对顾客导向过程的不符合项用"COP-NC"表示,对支持过程的不符合项用"SP-NC"表示,对管理过程的不符合项用"MP-NC"表示。例如,"COP2-NC2"表示"定单处理过程"第 2 个不符合项,"SP6-NC3"表示"采购过程"第 3 个不符合,"SP6-E2"表示"采购过程"第 2 个缺陷项。

审核记录实例

COP2—生产计划过程审核检查表

页数：1/4

过程名称	责任者	输入/资源	方法	输出	准则	条款
生产计划过程	1. **营业部主管** 2. 营业部跟单员 3. 生产部主管	1. **顾客定单** ② 2. 定单评审记录 3. 生产能力 —①— 4. 库存记录 5. **定单更改通知** 6. 生产日报表 ERP 软件（资源）	生产计划制定规定	1. 月度计划 2. **周生产计划** 3. 试模计划 4. **定单变更要求** 5. 生产信息	1. **生产计划完成率** ① 2. 生产计划提供及时率	7.5.1.6 6.3.2

审核记录：

① 查生产计划完成率，数据已形成趋势，平均值为86%，5月目标值94%相差甚远，其中七月份甚至为72%，也未有针对该月目标未达到采取措施 ●

抽查周生产计划 → ①本周√ → 查KMM顾客订单(MF-050608) → 交期(7/9) 数量5820√ 出货记录 7/9
②上周√ → 定单(XDS-2009-06-1) 4.2.4 √
③月第一周

2号：058
√8.5.1

核对周生产计划 → 2种变更3次其中一次未完成（变更号：EP-A02）(3200)，转化为周计划时未反映出来，原因是等顾客通知。D
定单变更5次 → 抽查样(MF-UC062)，是在周计划下达后变更，等下周计划时已经拖了一个星期 D

①— 生产能力核对，抽查编号为015#烘干（生产能力编号：W03-E08）
4.2.3 2个变更是材料(M-S320)，生产能力发生变化，而试产时烘炉时间的确认滞后于顾客要求交货的时间，使生产能力表未及时作出调整。D
类似的情况也发生在XH-82-A02，东海HAL-32的产品，压型483件/小时 实际是40件/小时

②— 查订单评审记录(MF-050608，EP-A02)
记录编号：MF-050608。 XDS-2009-06-7 初次评审通过，后因材料确认迟误时间，与顾客沟通，未得到答复的情况下纳入了生产计划完成率的统计上。E

评价：生产能力发生改变后没有制定生产计划偏差。
建议在《顾客联系表》上增加第二联系人。

审核记录

审核过程：生产过程	审核员：李立佳	页数：3/6
审核部门：制造部	审核日期：2009年8月20日	

审核记录：

抽样工号01062—查培训记录→ ①上岗培训 ✓ ②产品知识培训 × ③工作规范培训 ✓

问配料过程→ 批号确定落实哪个序代
↓
打垫板 → 查配料规范（RG-B225）
↓
配方比例 → 配方中（4.2.3）✓ 代号为A-2的量为0.65，实际为0.66，在公差范围 ✓
↓
查WE04电子秤的校准记录 ✓

称好后的包装袋有破损时无法保证在投料前仍保其重量。E

搅拌，粘度为产品关键特性，5月出现过该特性不符合要求的情况。
↓
查订料单号码45F54X011Y和4WGC3C02Y。
↓
查工艺变化 ✓（无）　查工艺变化→温度为63°C（关键参数）工艺文件没有同步更改。E

现场缸号标识与批号标识一致 ✓（45F54X001Y，[illegible]）

工艺文件（NA4601）规定搅拌时间为3分钟，实际为2.5分钟。搅拌时间没有范围，无法判断2.5分钟是否影响质量。E

介于搅拌和冷却两个阶段的过渡是以软件程序保证的，但没有证据显示从上一阶段到下一阶段的时间的衔接。E

评价：搅拌工序的参数存在不确定性。

十二、审核的用词含义

规范中“应”(shall)表示要求。“应当”(should)表示建议。这是大家都熟悉的用词。表 9-12 再列一些审核时也有其特别含义的用词，这对审核很有帮助。

表 9-12　审核用词

审核用词	与审核的关系	审核思路
应	表示要求，必须实施。	审核时就要寻找证据。
应当	表示建议。	如果有条件和可能建议按“注”的要求去做。
确保	表示需要方法或过程去保证。	审核时就要要求被审核方提供方法或过程。方法或过程不一定要形成文件，例如惯例。
确定	表示需要数据或资料去支持。	审核时遇到决策或决定时就要求对方提供相关的资料或记录支持。
实施、保持	表示需要证据去证实。	审核时就要求对方提供相关的证据，主要是记录。
适当、适当时、适当的、适用的、适用时、适宜的	是“适宜性”用词，表示对适宜性进行判断。	审核时就要根据知识和经验分析、判断所审核的内容是否“适宜”，往往发现过程缺陷，特别是要判断是否存在很大的审核风险。
必要、必要时、必要的、必需的	是“充分性”用词，表示需要对充分性进行判断。	审核时就要根据知识和经验分析、判断所审核的内容是否“充分”，往往发现过程缺陷，特别是要判断是否存在很大的审核风险。
(4.1)、(4.2.4)	括号中的条款表示接口条款。	审核时考虑与括弧的条款一起审核。

十三、审核风险

任何审核都存在风险，为减少风险审核应遵循以下从严原则：

1）在必然性与偶然性之间，先相信必然性，再考虑偶然性；

2）一个问题如果违反多个条款（包括其他准则）可给几个不符合；

3）问题发生的可能性极大即判不符合；

4）可判可不判，判；

5）可记可不记，记；

6）可报可不报，报；

7）可改可不改，改。

同时，对不符合的定义应比外部审核的严格。

以下情形应判为严重不符合：

1）体系失效、断裂；

2）与目标相差较远；

3）可造成严重后果或对运作产生严重影响的任何不符合；

4）可造成严重后果的产品缺陷；

5）任何可能造成交付的差错；

6）顾客导向过程出现失控；

7）严重度9分以上的关键活动失控；

8）两次相同问题的顾客退货或投诉；

9）产品测量记录中重要的规范指标没有达到要求；

10）三个同一性质的轻微不符合；

11）问题重复出现三次（不一定连续）或纠正措施无效发生两次；

12）顾客退货的纠正措施超过完成时间一个月。

以下情形判应判轻微不符合：

1）个别的、孤立的、偶然的不符合；

2）一年内没有预防措施；

3）一年内没有发现定性的要求转化为定量的要求；

4）两年内文件两年没有任何改善；

5）资源配备两年没有变化；

6）质量目标三年内没有提高；

7）重大的顾客投诉和退货的处理没有高层参与。

第十章　管理评审的过程方法

管理评审是过程改善的机会。管理评审的过程方法是最有效的，其观点是针对过程进行检讨，评价它们满足战略和目标的能力，找出差距去进行改善。

一、管 理 评 审

专门针对管理体系的评审叫管理评审，由组织的最高管理者主持召开，各部门的主要负责人或代表参与，主要是评价管理体系的适宜性、充分性和有效性，包括管理体系和经营方针和目标变更的需要，以适应内部和外部环境的变化，是在组织最高层面上一次全面检讨和改善过程的机会。在这个评审会议上，最高管理者听取各代表的工作汇报，同时陈述组织未来的想法、战略、市场发展、新的要求，给大家注入新的动力、指明努力的方向以及营造一种持续改进的环境。经过讨论后集体做出改进的决策。

以下是介绍管理评审的过程方法。

二、评审计划的过程方法

管理评审计划是管理评审策划的主要输出，策划的过程方法就是以章鱼图上的过程为基础的。

以下是实例：

例 1

2010 年管理评审计划

1. 管理评审目的

1）验证管理体系的适宜性、充分性和有效性。

2）提出并确定各种改进的机会和变更的需要，完善管理体系。

3）为各部门在提供充分的资源。

2. 管理评审日期和地点

计划评审日期:2010 年 12 月 25 日,时间 9:30～17:00,地点:大会议室。

3. 参加管理评审人员

1）主持人:副总经理(李全升);

2）参会人员:总经理、管理者代表、营业部部长、计划部部长、技术部部长、采购部部长、生产部部长、品质部部长、设备部部长、事务局局长。各部门指派一到两名主管参加,需要时可协助本部门进行陈述;

3）会议记录:总经理助理。

4. 评审内容

1）市场和经营方针的适宜性(最高管理层);

2）经营计划,包括各部门 2010 年度的目标/指标达成状况及其趋势,并提出 2011 年目标/指标(各部门);

3）外部审核和内部审核的结果,以及合规性的结果(管理者代表、事务局);

4）顾客反馈、投诉、退货以及顾客满意情况,包括实际的和潜在外部失效对质量、安全或环境的影响分析(营业部、技术部、品质部);

5）设计开发过程关键阶段的结果报告,包括产品风险和成本(技术部);

6）产品符合顾客要求的情况(品质部);

7）过程业绩、有效性和效率,检讨相关过程(各部门);

8）质量成本(生产部、品质部);

9）预防措施和纠正措施的实施及效果(各部门);

10）2008 年管理评审的改进措施的有效性状况(管理者代表);

11）组织机构设置、人员配置、分工的合理性以及管理体系的变更

（各部门）；

12）提出改进的建议（各部门）。

5. 评审过程

1）评审顺序参见6；

2）各部门代表发言，陈述现状、问题、2010年设想和改进意见；

3）与会者评价和讨论；

4）总经理总结。

6. 评审顺序以及各部门资料准备内容

顺序	部门	评审的过程	资料准备	评审时间	陈述者
1	总经办	1. 经营决策过程 2. 管理评审过程	1. 市场和经营方针的适宜性。 2. 经营计划	40 min	总经理
2	总经办	3. 内部审核过程 4. 过程审核过程 5. 产品审核过程 6. 纠正和预防过程 7. 改进过程	1. 2008年外部审核不符合项指标达成情况报告。 2. 外部审核和内部审核的结果。 3. 预防措施和纠正措施状况的实施和效果。 4. 体系持续改进状况。 5. 顾客意识情况。 6. 数据分析情况。 7. 2008年管理评审改进措施完成状况。 8. 体系的改进意见	30 min	管理者代表
3	营业部	1. 合同评审过程 2. 顾客投诉/退货处理过程 3. 售后服务过程 4. 顾客财产管理过程	1. 2008年经营计划、顾客满意度、外部失效PPM达成报告。 2. 顾客要求确定和合同评审。 3. 顾客反馈情况，包括交期、品质、价格等。 4. 顾客投诉、退货以及处理情况。 5. 顾客满意情况。 6. 顾客财产管理的状况。 7. 改进意见	20 min	刘德全

续表

顺序	部门	评审的过程	资料准备	评审时间	陈述者
4	计划部	1. 生产计划制定和跟进过程 2. 仓库管理过程 3. 物流管理过程	1. 2008年经营计划、延迟出货次数、生产计划达成率达成报告。 2. 生产计划落实情况。 3. 仓库盘点库存状况，以及中转周期状况。 4. 仓库管理和物流。 5. 改进意见	20 min	欧阳春树
5	技术部	设计开发过程	1. 2008年经营计划、产品开发达标率达成报告。 2. 最近新机种上马的实施状况，以及设计开发过程关键阶段的结果报告，包括产品风险和成本。 3. 实际的和潜在外部失效对质量、安全或环境的影响分析。 4. 产品改进建议（如产品性能、产品标准等） 5. 工艺、工装情况。 6. 改进意见	40 min	罗伟长
6	采购部	采购过程	1. 2008年经营计划、原材料交货准时率达成报告。 2. 采购情况。 3. 2008年供应商表现。 4. 原材料供应商的评价计划，以及新供应商的开发计划。 5. 改进意见	20 min	郭洪斌
7	生产部	1. 生产控制过程 2. 培训过程 3. 6S过程	1. 2008年经营计划、生产计划完成率、生产效率、C_{pk}、直通率、设备利用率、不良成本指标达成报告。 2. 工艺纪律实施情况。 3. 生产环境，包括6S情况。 4. 员工技能培训。 5. 不良成本。 6. 改进意见	40 min	荣一

续表

顺序	部门	评审的过程	资料准备	评审时间	陈述者
8	品质部	1. 产品检验试验过程 2. 不合格品控制过程 3. 测量设备管理过程 4. 顾客投诉/退货处理过程	1. 2008年经营计划、产品合格率、主原材料合格率、损比率达成报告。 2. 产品检验试验能力和技术情况。 3. 客户对产品品质投诉退货处理状况、内部品质不良发生状况以及不良品处理的状况。 4. 质量成本,包括返工返修情况。 5. 监视和测量设备校准状况,以及10年监视和测量装置计划以及校准计划。 6. 产品符合性。 7. 改进意见	40 min	陈子雄
9	设备部	1. 设备管理过程	2. 2008年经营计划、设备完好率达成报告。 3. 设备、设施使用、维护和管理情况。 4. 10年设备计划。 5. 改进意见	20 min	胡肖峰
10	事务局	1. 文件和记录控制过程 2. 资源提供过程 3. 培训过程 4. 6S过程	1. 2008年经营计划、培训达标率、合规性指标达成报告。 2. 人员招聘实施的状况。 3. 员工流动情况。 4. 培训情况。 5. 文件管理情况。 6. 安全。 7. 合规性情况。 8. 改进意见	30 min	陈宾
11	总经办	—	总结发言	20 min	总经理

说明:各部门根据评审内容负责编制评审资料,并于评审会议提前一个星期交事务局,经事务局长和管理者代表确认后备案。汇报时资料要制作成投影。

编制:＿＿＿＿日期＿＿＿＿　　　　批准:＿＿＿＿日期＿＿＿＿

例 2

管理评审通知

一、评审时间:2010 年 11 月 28 日。

二、评审地点:第一会议室。

三、参加人员:总经理、副总、营业部经理、计划部经理、技术部经理、采购部经理、生产部经理、品管部经理设备部经理、总经办主任、事务局主任。

四、评审内容

1) 审核结果;

2) 顾客反馈;

3) 过程的业绩和产品的符合性;

4) 预防和纠正措施的状况;

5) 以往管理评审的跟踪措施;

6) 可能影响质量管理体系的变更;

7) 改进的建议;

8) 产品实现过程和支持性过程的有效性和效率;

9) 管理体系的所有要求及其业绩趋势;

10) 不良成本;

11) 经营计划中规定的目标;

12) 实际的和潜在的售后失效及其对质量、安全或环境的影响分析;

13) 对所供应产品的顾客满意情况;

14) 设计和开发特定阶段的分析和结果报告。

五、评审顺序

评审过程	汇报部门	相关部门	指标/准则	相关程序	标准条款
COP1 市场调查	营销部	总经办、设计部	● 新顾客数 ● 新产品数	● 市场调查程序 ● 营销策划规程	5.2
SP1 产品立项		总经办、设计部、财务部	● 新产品开发成功数	● 战略规划程序 ● 产品立项规程	7.1
COP2 定单评审		设计部、采购部、生产部、品管部、物控部	● 履约率	● 订单评审程序	7.2
SP2 生产计划		采购部、生产部、物控部	● 生产计划完成率 ● 计划及时提交率	● 生产计划编制程序 ● 应急计划	7.5.1.6
SP12 顾客满意测量		设计部、制造部	● 顾客满意度 ● 成本 ● 生产效率	● 售后服务程序 ● 顾客满意度评价规定	8.2.1
COP8 售后服务		设计部、制造部、品管部	● 服务承诺兑现率 ● 服务信息响应时间 ● 外部失效 PPM	● 售后服务程序 ● 售后服务手册	7.5.1 7.5.1.7 7.5.1.8
COP3 产品设计开发	研发部	采购部、制造部、品管部	● 项目目标达标率 ● 阶段性评审符合率 ● 设计更改次数	● 产品设计开发程序 ● 技术文件管理规程	7.1 7.3
SP3 工艺设计		制造部、物控部、品管部	● 工艺评审一次通过率 ● 工艺文件试生产前一天发放	● 工艺设计程序	7.1 7.3 7.5.1
COP5 工程变更		采购部、制造部、物控部、品管部	● 工程变更差错次数 ● 工程变更批准率	● 工程更改程序 ● 产品设计开发程序 ● 贮存管理程序	7.1.4

续表

评审过程	汇报部门	相关部门	指标/准则	相关程序	标准条款
SP5 试生产	制造部	设计部、品管部	● P_{pk}值 ● 试生产次数不超过 3 次	● 试生产管理程序	7.3
COP4 生产	制造部	设计部、物控部、品管部	● 各工序半成品合格率 ● 成品一次合格率 ● 入库准时率 ● 生产停工台时 ● 过程能力 C_{pk}大于 1.33	● 生产过程控制程序 ● 应急计划 ● 贮存管理程序 ● 产品标识和可追溯性指导书 ● 安全生产管理制度	7.5.1 6.4 8.2.3.1
SP7 设备管理	设备科	总经办、设计部、采购部、物控部	● 设备故障停机台时 ● 关键设备完好率 ● 一般设备完好率 ● 保养计划完成率 ● 预防性维护成本	● 设备管理程序 ● 应急计划	7.5.1.4
SP8 工装管理	工装科	设计部、采购部、物控部	● 工装模具完好率 ● 工装模具验收合格率 ● 工装维护成本	● 工装模具管理程序 ● 产品与过程更改程序 ● 刀具管理规程 ● 工位器具管理程序 ● 工装模具维护保养规程	7.5.1.5
SP4 选择供方	采购部	设计部、品管部	● 关键材料备用供应商不少于一个 ● 供应商业绩 90 分以上数量	● 供应商的选择与评价程序 ● 样品确认规程	7.4.1

续表

评审过程	汇报部门	相关部门	指标/准则	相关程序	标准条款
SP6 采购	采购部	设计部、制造部、物控部、品管部、管理部	• 到货及时率 • 材料使用缺陷率 • 来料合格批次率	• 采购管理程序	7.4
SP9 监视测量设备管理	计量室	设计部、制造部	• 周期受检率 • 测量设备受检合格率	• 检验测量和试验设备控制程序 • 测量系统分析程序 • 实验室控制程序	7.6
SP10 产品监视和测量	检验科	设计部、采购部、制造部、物控部	• 错漏检率 • PPM	• 产品检验试验程序	8.2.4
MP7-不合格品控制	检验科	营销部、设计部、制造部、物控部	• 潜在不合格发运次数 • 返工产品一次交检合格率 • 让步接收比率	• 不合格品控制程序 • 返工作业指导书 • 超差品利用规定 • 缺陷分类规定	8.3
COP7-投诉/退货处理	品管部	设计部、制造部	• 顾客抱怨处置结果有效率 • 解决问题周期 • 投诉和退货重复发生次数	• 顾客抱怨退货处置程序	7.2.3 8.5.2
COP6-交付	物管部	财务部	• 及时交付率 • 对顾客的中断次数 • 超额运费	• 产品交付控制程序	7.5.1 7.5.5

续表

评审过程	汇报部门	相关部门	指标/准则	相关程序	标准条款
SP11-贮存	仓库	采购部、制造部、品管部	• 物料准备时间 • 物料提供差错率 • 库存物资损失率 • 库存周转数 • 库存记录的准确率	• 贮存管理程序	7.5.5 6.4
SP13-文件和记录控制	管理部	设计部	• 文件和记录受控率 • 技术规范一周内评审 • 文件和记录在 10 min 内查到或提供	• 文件和记录控制程序 • 技术文件管理规程	4.2.4 4.2.4
SP14 - 资源提供		总经办、设计部、采购部、制造部、物控部、品管部	• 中层管理人员缺员到位天数 • 重要生产岗位缺员到位天数	• 资源策划程序 • 招聘规程 • 设备设施采购规程	6.1
SP15-培训		总经办、营销部、设计部、采购部、制造部、物控部、品管部	• 人均培训课时数 • 培训计划实施率	• 培训程序	6.2
MP5 - 员工激励		总经办、设计部、制造部、物控部、品管部	• 员工流失率 • 合理化建议数 • 员工满意度	• 员工激励程序 • 绩效考核规程	6.2.2.4
SP16 - 设施管理		制造部、物控部	• 设备故障停机台时 • 关键设施完好率 • 一般设备完好率 • 保养计划完成率 • 预防性维护成本	• IT 系统维护规程 • 公共设施管理规程	6.3

续表

评审过程	汇报部门	相关部门	指标/准则	相关程序	标准条款
MP1-经营计划	总经办	营销部、设计部、采购部、制造部、物控部、品管部、管理部、财务部	● 业务计划目标完成率	● 经营规划程序	5.4.1 5.4.1.1
MP2-职责权限确定和评估		营销部、设计部、采购部、制造部、物控部、品管部、管理部、财务部	● 岗位成熟度	● 职责和权限确定和评估规程 ● 绩效考核规程	5.5.1
MP4-管理评审		所有部门	● 改善措施有效率	● 管理评审程序	5.6、4.1 4.2、5.1 5.3、5.4
MP8-数据分析		设计部、制造部、品管部、管理部	● 数据提交及时率	● 数据分析程序 ● 公司级数据管理规程 ● 信息系统管理规程	8.4
MP9-改进		管代、设计部、制造部、品管部、管理部	● 持续改进项目 ● 持续改进项目目标达成率	● 纠正预防措施控制程序 ● 持续改进程序	8.1 8.5
MP6-内部审核	管理者代表	管理部	● 不符合项整改关闭及时率 ● 审核重复问题次数 ● 制造过程缺陷数 ● 产品质量特征值	● 内部质量体系审核程序 ● 过程审核规程 ● 产品审核规程	8.2.2
MP3-不良成本管理	财务部	制造部	● 不良质量成本金额	● 不良成本控制程序	5.6.1.1

计划最好提前一个月发到各部门，以便有充分的准备时间。

三、评审报告的过程方法

各部门根据管理评审通知针对过程准备报告，并在评审前提交最高管理层。

以下是部门管理评审报告的例子：

管理评审报告

1. 审核过程的评价(MP4)

责任部门：管理部

汇报者：管理者代表

1.1 审核过程基本信息

责任部门	相关部门	目标/指标	相关程序	相关条款
管理部	各部门	• 不符合项整改关闭及时率93% • 产品质量特征值QKZ98% • 审核重复问题次数3次 • 制造过程缺陷数8个	内部质量体系审核程序 过程审核规程 产品审核规程	8.2.2

1.2 目标趋势

从以上数据知道，产品质量特征值趋势向着目标逼近，其余数据已经达到预期目的。审核重复问题逐年减少证明采取的措施是有效的。

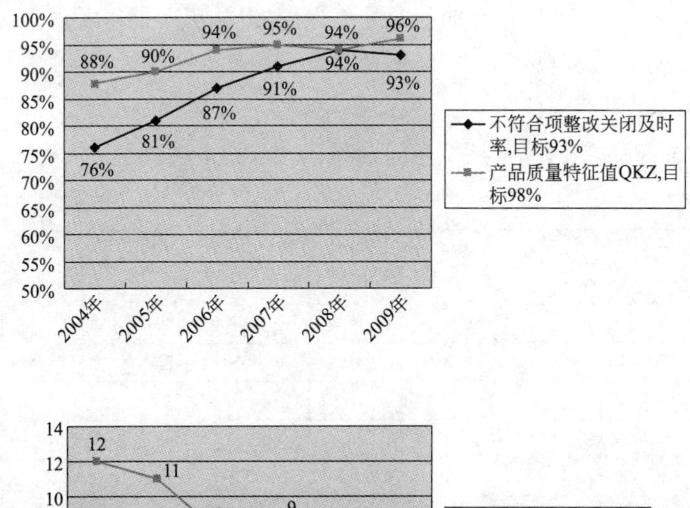

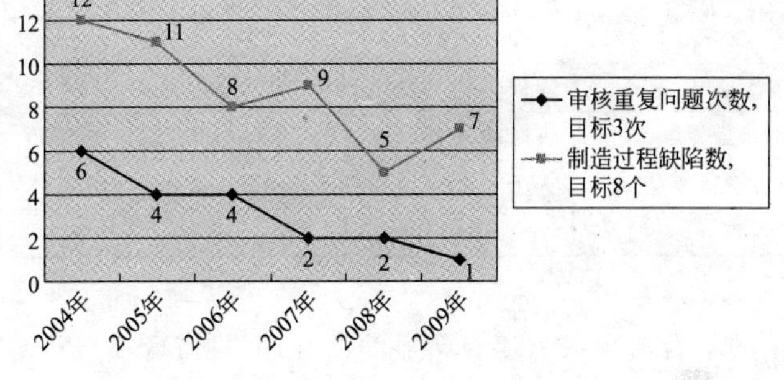

1.3　外部审核

今年的外部监督审核上个月才完成,共提出 3 个不合格项和 4 个建议项,见下表:

问题＼年度	2005 年	2006 年	2007 年	2008 年	2009 年	2010 年
严重不合格项	0	0	0	0	0	0
轻微不合格项	7	5	3	3	4	3
建议项	9	6	7	6	4	4
重复发现的不合格项		—	0	0	0	0
合计	16	11	10	9	8	7

大家知道,公司存在的问题是不少的,但从历次外审发现中我们很难期望对管理有根本的提升,还是立足于自己的持续改进。

1.4 内部审核

1) 2010年内部审核发现问题共31个,见下表:

章节＼年度	2005年	2006年	2007年	2008年	2009年	2010年
4. 文件要求	36	7	7	6	6	4
5. 管理职责	3	2	3	2	—	1
6. 资源管理	18	10	5	4	3	3
7. 产品的实现	32	14	9	6	3	5
8. 测量、分析和改进	9	6	5	4	6	6
合计	98	39	29	22	18	31
纠正/纠正措施	63/98	23/39	17/29	12/22	12/18	17/31
严重不合格项	6	2	2	0	1	3
重复发现的问题		6	4	2	2	1

今年的不合格项较去年有明显的上升,并且有3项严重不合格项,这主要的原因是新定义的严重不合格和轻微不合格比以往更加严格了,审核过程也采取了从严原则,对可判可不判的问题一律都判,使审核发现增多了。

3个严重不合格项是:

① 产品技术、制造难度已经比以往要求的技能高很多,但目前专业技能普遍不适宜,未能跟上企业发展的需要。

② 涂层脱落现象在最近发生三次顾客投诉和退货都未能得到解决,且未看到高层参与解决。

③ 相当部分的目标、体系文件几年未有持续改进。

因此这次审核很好地促进了大家对体系建设的重视,效果比往年更加有效。另外,增加了缺陷项,尽管不是不合格,但都是需要改进的地方,有利于内部提升,这也是过程评价的组成部分。

2）各过程不合格项趋势：

体系过程＼年份		2005 年	2006 年	2007 年	2008 年	2009 年	2010 年
顾客导向过程	COP1-市场调查	1	0	0	0	0	1
	COP2-定单评审	2	0	0	1	0	1
	COP3-产品设计开发	5	2	1	0	1	2
	COP4-生产	13	5	6	4	4	3
	COP5-工程变更	4	1	0	0	2	2
	COP6-交付	2	1	0	0	0	1
	COP7-投诉/退货处理	1	1	0	1	0	0
	COP8-售后服务	1	1	0	0	1	0
支持过程	SP1-产品定位	0	0	0	0	0	1
	SP2-生产计划	3	1	0	1	1	0
	SP3-工艺设计	2	2	0	0	0	1
	SP4-选择供方	1	2	1	0	0	1
	SP5-试生产	1	1	2	0	0	1
	SP6-采购	3	1	1	2	0	0
	SP7-设备管理	5	2	2	1	1	1
	SP8-工装管理	5	2	3	0	1	1
	SP9-监视测量设备管理	2	2	1	1	0	1
	SP10-产品监视和测量	3	2	3	1	1	2
	SP11-贮存	4	1	1	0	0	2
	SP12-顾客满意测量	2	0	0	0	0	1
	SP13-文件和记录控制	8	3	2	2	2	1
	SP14-资源提供	4	1	0	0	1	2
	SP15-培训	5	2	1	2	0	1
	SP16-设施管理	3	1	0	0	0	1

续表

体系过程 \ 年份		2005年	2006年	2007年	2008年	2009年	2010年
管理过程	MP1-经营计划	2	0	1	0	0	0
	MP2-职责权限确定和评估	2	0	0	1	0	0
	MP3-不良成本管理	1	0	0	1	0	0
	MP4-管理评审	0	0	0	0	0	0
	MP5-员工激励	0	0	0	0	0	1
	MP6-内部审核	3	1	0	0	0	0
	MP7-不合格品控制	6	2	2	1	1	2
	MP8-数据分析	2	1	1	2	0	1
	MP9-改进	2	1	1	1	2	1
总数		98	39	29	22	18	32

说明：

今年不合格总数明显上升的主要原因是重新定义了轻微不合格项，定义比以往更加严格了，审核过程也采取了从严原则，对可判可不判的问题一律都判，使审核发现增多了。收紧不合格项定义后，发现过程存在的问题还是比较多的，这对内部审核是有实质的帮助的。

3）2010年审核的过程评价：

体系过程 \ 评价项目		过程评价											
		过程职责是否明确	过程接口是否明确	过程技能是否适宜	过程资源是否充分	过程准则是否适宜	过程方法是否有效	过程是否有效监控	过程是否保持了记录	过程是否需要再识别	过程是否需要再展开	缺陷数	优点数
顾客导向过程	COP1-市场调查	√	√	√	×	×	√	√	√	√	×	3	1
	COP2-定单评审	√	√	√	√	√	√	√	√	×	×	—	—
	COP3-产品设计开发	√	×	√	√	√	√	√	√	×	×	1	—
	COP4-生产	√	√	×	√	√	√	√	√	×	×	1	2

续表

体系过程 \ 评价项目		过程评价											
		过程职责是否明确	过程接口是否明确	过程技能是否适宜	过程资源是否充分	过程准则是否适宜	过程方法是否有效	过程是否有效监控	过程是否保持了记录	过程是否需要再识别	过程是否需要再展开	缺陷数	优点数
顾客导向过程	COP5-工程变更	√	√	√	√	√	√	×	√	×	√	2	—
	COP6-交付	√	√	√	√	√	√	√	√	×	×	—	—
	COP7-投诉/退货处理	×	√	√	√	√	√	√	√	×	×	1	—
	COP8-售后服务	√	×	√	√	√	√	√	√	√	×	1	—
支持过程	SP1-产品定位	√	√	√	√	√	√	√	√	×	×	—	—
	SP2-生产计划	√	√	√	√	√	×	×	×	√	×	3	—
	SP3-工艺设计	√	√	√	√	√	√	√	√	×	×	—	—
	SP4-选择供方	√	√	√	√	√	√	√	√	×	×	—	1
	SP5-试生产	×	√	√	√	√	√	√	√	√	×	1	—
	SP6-采购	√	√	×	√	×	√	√	√	×	√	2	—
	SP7-设备管理	√	√	√	×	√	√	√	√	×	×	2	—
	SP8-工装管理	√	√	√	×	√	√	√	√	×	×	1	—
	SP9-监视测量设备管理	√	√	√	√	√	√	√	√	×	×	—	—
	SP10-产品监视和测量	√	√	×	×	√	√	√	√	√	√	3	—
	SP11-贮存	√	√	√	√	√	×	×	√	×	√	2	—
	SP12-顾客满意测量	√	√	√	√	√	×	√	√	×	×	1	—
	SP13-文件和记录控制	√	√	√	√	√	√	√	√	×	×	—	—
	SP14-资源提供	√	√	√	√	√	√	√	√	×	×	—	—
	SP15-培训	√	√	√	√	×	√	√	√	×	×	1	—
	SP16-设施管理	√	√	×	√	√	√	√	√	×	×	—	—
管理过程	MP1-经营计划	√	√	√	√	√	√	√	√	×	×	—	—
	MP2-职责权限确定和评估	√	√	√	√	√	√	√	√	×	×	—	—
	MP3-不良成本管理	√	√	√	√	√	√	×	√	×	×	1	
	MP4-管理评审	√	√	√	√	√	√	√	√	×	×	—	—
	MP5-员工激励	√	×	√	√	√	√	√	√	×	×	—	—
	MP6-内部审核	√	√	√	√	√	√	√	√	×	×	—	1

续表

体系过程 \ 评价项目		过程评价											
		过程职责是否明确	过程接口是否明确	过程技能是否适宜	过程资源是否充分	过程准则是否适宜	过程方法是否有效	过程是否有效监控	过程是否保持了记录	过程是否需要再识别	过程是否需要再展开	缺陷数	优点数
管理过程	MP7-不合格品控制	√	√	√	√	√	√	×	√	×	×	1	—
	MP8-数据分析	√	√	√	√	√	√	√	×	×	×	—	—
	MP9-改进	√	√	√	√	√	×	×	√	×	√	3	—
总数												30	5

1.5 改进建议

1）这几年，内审仍局限在标准范围之内，所以与ISO/TS 16949无关的职能和人员自始至终未与过内审，要使公司的管理得到全面改善，建议公司将内部审核的功能应用在其他管理之上；

2）公司共有27个内审员，迄今为止只有13人参加过内审，而6次的审核中参加过4次以上的仅有6人，占审核人员的33%。可见，大部分审核员都是没有审核经验的。根本原因是所有审核员都是兼职的，它们都是靠安排业余时间做审核准备的，而实际上审核又是一件吃力不讨好的事情，容易得罪人，要不是强制安排都不太愿意参加。公司应有一个审核员的激励机制，对审核员进行能力评估，分成等级，按等级补贴参与审核人员；

3）历次审核都没有高层参与审核组，都是“基层人员”去审核“基层问题”，深层的问题很难发现，建议每次审核组都至少有一名部门经理以上人员参与，并且将审核发现与年度业绩挂钩；

4）过去延续下来的日常“生产工艺检查”与“制造过程审核”有重复之嫌，检查的内容以及每月报告的内容相似。其实，工艺纪律检查的性质就是制造过程审核，建议取消。

在评审会议上陈述者以过程为中心陈述过程业绩，由大家评价，并采用标准的格式形成管理评审记录。记录整理后与各部门的管理评审报告一起形成完整的管理评审报告。以下是整理后的评审记录：

管理评审记录

责任部门：营业部

汇报者：营业部经理

评审过程	相关部门	目标/指标	相关程序	标准条款	评审记录	改进意见
COP1 市场调查	总经办 设计部	• 新顾客数 • 新产品数	市场调查程序 营销策划规程	5.2	• 从今年上半年推出的产品销量看90%以上符合市场需求，可见去年市场调查是有效的。这主要是重新设计过"市场调查问卷"，增加了一些调查途径，例如对大客户的深度访谈、举办经销商产品研讨会，等等。不过，最近天翔、泰通提出了它们关注的问题，觉得现时问卷都是通用性的，不适合这些客户，要针对汽车客户专门设计"汽车顾客调查问卷"。 • 总经理建议一年一次市场调查改为两次，因为我们这行近几年产品变化大，顾客需求变化也很大。10月份调查比较合适，因为很多顾客要在年底前制定明年的产品采购计划。 • 现在市场调查随意性较大，建议先做"调查方案"，这样《市场营销计划》才更有效果 决议： 见改进意见	1. 根据汽车顾客关注的问题重新设计调查问卷。 2. 修改《市场调查程序》一年一次市场调查改为两次，并将调查的重点在产品的功能和性能上。 3.《营销策划规程》增加"市场调查方案"

续表

评审过程	相关部门	目标/指标	相关程序	标准条款	评审记录	改进意见
SP1 产品立项	总经办 设计部 财务部	• 新产品开发成功数	战略规划程序 产品立项规程	5.2 8.2.1	• 销售部提到欧洲顾客有要求包装可回收或循环使用的要求，但我们在立项时没有认真考虑。同时，要多考虑政府发展规划，支持企业创新等政策。 • 尽管这一年产品销量可观，除高端产品外，其他产品与同类产品相比优势并不明显，特别是技术优势。所以，考察产品推出成功率不能单考虑暂时的销售额，持久性盈利应作为一项评价指标，另外，关键数据比较也是评价产品开发成功的因素。 • 经过 10 多年的经验累积产品已经有一定的优势，品牌建设应作为战略考虑 决议： 见改进意见	1. 探讨包装可回收或循环使用的材料以及成本。 2. 收集和研究政府扶持企业创新等政策。 3. 研究品牌战略
COP2 定单评审	设计部 采购部 生产部 品管部 物控部	• 履约率	订单评审程序	7.2	• 目前经常出现现货交易日期与统计日期存在出入的问题，影响准时交付的统计，因为准时交付与“履约率”的目标有关。 • 对于 5 天内分批交付一个月发生多次交付的顾客，规定付款期基本上都超过 30 天，例如 45 天、60 天，这样我们的风险是很大的，应专门研究这一问题，包括检讨其他的付款条件。“履约率”掩盖了这一问题。	1. 与分批交付且一个月发生多次交付的顾客重新协商付款条款

续表

评审过程	相关部门	目标/指标	相关程序	标准条款	评审记录	改进意见
COP2 定单评审	设计部 采购部 生产部 品管部 物控部	●履约率	订单评审程序	7.2	●顾客要求打样的情况特别多，很多都是不确定的订单，要求交样的日期应不在准时交付的统计范畴内，这些顾客要求的日期非常随意，技术部也经常遇到难度大的打样，无法确保交付日期。 ●有好几次评审特别订单时发现与顾客理解不一致，例如材料的符号和型号不一致，我们习惯上讲的性能，顾客认为是功能，导致技术规范与顾客的要求不一致。另外，顾客图纸上的“技术说明”所列出的特殊要求并没有引起我们特别关注，是顾客审厂时提出的。 ●合同更改发了邮件或传真后，为避免误解必须确认顾客是否收到。 ●有个新汽车客户要求两个小时按规定数量交付的节拍生产，技术部是否可以调整一条生产线满足要求。但技术部说，起码要一年以上的时间，而且投入较大，目前顾客的产量不大，向顾客解释 决议： 1. 同意打样交付日期不在准时交付的统计范畴内。 2. 将顾客在技术文件、合同上使用的有异议的术语纳入合同评审范畴。 3. 现货交易以交付日期统计，不是以交单日期统计，这类交付不在“履约率”统计范畴。 4. 其他见改进意见	1. 与分批交付且一个月发生多次交付的顾客重新协商付款条款

续表

评审过程	相关部门	目标/指标	相关程序	标准条款	评审记录	改进意见
SP2 生产计划	采购部 生产部 物控部	● 生产计划完成率 ● 计划工时利用率	生产计划编制和跟进程序 应急计划	7.5.1.6	● 自从上了ERP后生产计划系统有了很大的改善。但目前还存在一些问题影响计划的准确性，主要是，从香港带过来的紧急物料、车间补料没有及时登录ERP、物料损耗比例不准确、盘点、入库的时间差等因素，这些问题导致每次生产会议几乎都要调整生产计划。 ● 生产的标准时间在4月份调整过一次，这次调整主要是对成熟的产品乘一个成熟度系数，这个新的标准时间经过几个月的验证基本上是可行的。 ● 计划工时利用率现在都是按新的标准时间计算的。但是，制造部仍然有较大的生产潜力可挖，因为在测量标准时间时是中等熟练工，换机种\调机耗时过多，导致加班才能完成计划。但从数据上看完成生产计划不能说明真实问题。 ● 生产部反映急单、插单太多，等ERP系统调整后再发出新的生产计划已经迟了，特别是遇到模具变更、委外制作模具时就更被动了，建议先通知生产部再后补计划。技术部也建议制造部培养一些多面手应付这种局面。 ● 每月盘点改由财务部主持 决议： 1. 从香港带过来的紧急物料、车间补料当天录入EPR系统，入库截止时间为16:30。 2. 每月盘点改由财务部主持。 3. 其他见改进意见	1. 由技术部与制造部财务部一起研究和调整合理的允许物料损耗比例。 2. 三月月内制定换机种的时间限制。 3. 修改《应急计划》急单、插单先通知生产部后补调整计划

续表

评审过程	相关部门	目标/指标	相关程序	标准条款	评审记录	改进意见
SP12 顾客满意测量	设计部 制造部	• 顾客满意度 • 成本 • 生产效率	顾客满意度评价规定	8.2.1	• 目前，顾客满意度都是对所调查的顾客的综合结果，不能真正反映关键顾客的满意情况，《顾客满意调查问卷》对于一年才有一两个定单的小顾客显然不适宜的，建议对于定单量大的顾客个别有针对性地设计顾客满意调查问卷，并且考虑有不同的调查频次。问卷应根据顾客的关注点进行设计，既然汽车产品的顾客已经是这样做了，其他顾客也可以这样做。 • 《顾客满意评价规定》以《顾客满意调查问卷》作为顾客满意资料的唯一来源不够充分，应检讨需要收集的其他资料，例如我们有很多年多顾客的来电来函、售后服务也有很多反馈意见。 • 汽车顾客一直没有提出顾客满意指标，所以本公司制定的顾客满意指标需要与顾客沟通。同时，顾客满意调查结果应在内部得到沟通。 • 研究内部顾客满意的调查方法 决议： 见改进意见	1. 修改《顾客满意评价规定》针对大客户设计专门的《顾客满意调查问卷》，并且检讨顾客满意的其他信息来源

续表

评审过程	相关部门	目标/指标	相关程序	标准条款	评审记录	改进意见
COP8 售后服务	设计部 制造部 品管部	●服务承诺兑现率 ●服务信息响应时间 ●外部失效 PPM	售后服务程序 售后服务手册	7.2.1 7.5.1 7.5.1.7 7.5.1.8 8.2.1	●涉及收费的售后服务已经公开收费标准，对于签定《服务协议》的都补充了“服务验证的记录”。并且制定了代理商的培训计划，取得了良好的效果。 ●省内 2 天、省外 4 天到现场处理退货问题已经得到较好的解决，因为在销售点附近配备了服务分中心和相应的资源。 ●顾客的反馈意见已经及时反馈到生产、设计等部门，也将这些部分意见列入了培训内容中。 ●目前存在较大的问题是《售后服务单》中“用户评价栏”项目填写不全、顾客签署意见有些是替代的、顾客来电来函的登录各服务点不统一，使统计结果与真实情况出入较大。 ●产品升温跳档的重大投诉重复两次了，拖了很久没有解决，设计部说是操作问题，不是设计问题 决议： 1. “用户评价栏”项目填写不全、顾客签署意见有些是替代的我们很难控制，顾客明显敷衍填写不纳入统计范围。 2. 其他见改进意见	1. 统一各服务点顾客来电来函的登记表

责任部门:研发部

汇报者:

评审过程	相关部门	目标/指标	相关程序	标准条款	评审记录	改进意见
COP3 产品设计开发	采购部 制造部 品管部	● 项目目标达标率 ● 阶段性评审符合率 ● 设计更改次数	产品设计开发程序 技术文件管理规程	6.4.1 7.1 7.2.2 7.3	● 这一年组织了几次与产品开发有关的培训,在新产品投入的策划方面跨部门小组成员有了更深的理解。并对《产品设计开发程序》进行了较大的修改,删去立项部分,认为与《产品立项规程》重复。 ● 采用了 FMEA 第四版后对原来的 FMEA 和 QC 工程管理图进行了检讨,做了较大的修改,效果不错。 ● 最近盛威客户的一个订单中要求提交一组规格不同的产品,它们既是一个整体,也可以有不同的组合,而呈交批准时是一起的。在这种情况下需要做多少个 APQP? 是算一种产品设计还是多种产品设计? ● 尤利克德国客人要求新产品采用 VDA4.3 项目策划的标准,并要求派人进行 VDA6.3 过程审核的培训。 ● 设计评审缺乏评审准则,仍然是经验和主观判断的多,导致相同问题的反复,应在经验总结基础上研究和编制评审准则,这样就能增强有效性和效率。 ● 为适应市场快速变化需求总经理强调,要对如何缩短设计周期问题进行专门的研究 决议: 1. 既然顾客要求只提交一个 PPAP,那么一组产品设计只能做一个 APQP 的资料,但涵盖一组产品的资料。 2. 同意派人培训 VDA6.3 过程审核。 3. 其他见改进意见	1. 针对每项设计内容制定设计评审准则,半年拿出初稿。 2. 探究缩短设计周期问题,明年设计周期作为设计部门的考核指标

续表

评审过程	相关部门	目标/指标	相关程序	标准条款	评审记录	改进意见
SP3 工艺设计	制造部 物控部 品管部	● 工艺评审一次通过率 ● 工艺文件试生产前一天发放	工艺设计程序	6.3.1 6.4.1 7.1 7.3	● 在产量、品种不断增多的情况下，工艺文件编写的工作量大增，人手不够。再说，目前这些工艺很难适应个体化、多品种生产。去年提出的 IE 工程、准时生产的研究工作还没有完成，主要是工艺人员目前的水平遇到了瓶颈，进展缓慢，需要送外培训。如果加上节拍生产的研究人手就更加不够了。 ● 制造部提出目前工艺布局很多地方需要调整，搬运过多，特别是跨车间的搬运，且经常在搬运过程损伤产品，PFMEA 应该考虑这些搬运过程。 ● 一年来尽管定单增多，但工艺变化不大，在这方面的策划并不显著，除非对旧工艺进行创新 决议： 1. 同意派人参加 IE 工程和准时生产的培训课程。 2. 其他见改进意见	1. 研发部提出工艺增加人手的方案，并重新制定 IE 工程、准时生产的研究工作方案。方案要将生产部提出解决车间布局调整和过多搬运问题考虑进去

续表

评审过程	相关部门	目标/指标	相关程序	标准条款	评审记录	改进意见
COP5 工程变更	采购部 制造部 物控部 品管部	● 工程变更差错次数 ● 工程变更提交批准率	工程更改程序	4.2.3.1 7.1.4 7.3.7	● 新产品推出频繁导致工程更改增多，目前很多产品都已经发生过多次更改，有些产品旧的版本仍在生产，但当调出这些资料时往往非常费时，说明工程更改履历表包括相应资料的管理未能跟上。建议建立历次更改的样板库，包括对应的模具工装的更改，并且在ERP资料中能够追溯到。 ● 每次ECO变更，从技术资料转换到品管人员编写CHECKLIST都没有规定多长时间完成，只是规定工程规范的评审不超过两周，往往生产部、采购部要求都很急，否则生产部就非常被动。 ● 较大的变更最好召开一个说明会，特别有些更改需要同步进行，以免出错。在确认变更项目后应及时回传。 ● 前三次出现原本由建泰供应商负责修改的却变成源鑫了，在查发放技术修改文件竟查不到建泰。工程更改涉及供应商时，工艺路线应在ERP中规定涉及哪家外包商负责修改，这样不会搞错，并且随时可以查到 决议： 1. 工程更改履历表直接挂在ERP上，每次更改可以马上在ERP上查到，包括可以查到更改涉及外包的供应商。工艺路线应明确指明哪个环节承包给哪个供应商。研发部与IT部门在本月内完成。 2. 其他见改进意见	1. 修改《工程更改程序》接到顾客工程更改通知和技术更改文件后两天内完成资料转换，品管人员接到转换的技术文件后编写Checklist一天内完成。并增加“较大的变更召开一个说明会”

四、评审输出的过程方法

由于管理评审是管理层的会议，在这个层面上所提出的改进意见有相当部分会带有战略性，有些需要专门立项处理，或是有难度的问题，可能需要较长的时间，也涉及资源的配备、跨部门的配合。管理评审输出就是将会议提出的改进意见形成独立的一份文件，以便大家跟进和配合，并将改进的结果提交下次评审时讨论。

输出主要体现以下几个方面：

1）管理体系和过程有效性的改进；

2）产品的改进；

3）资源需求。

以下是实例：

将管理评审记录中“改进意见”一栏的内容移到这里

管理评审输出

改进的过程		改进措施	资源需求	责任部门	完成时间
管理体系和过程有效性的改进	COP1 市场调查	1. 根据汽车顾客关注的问题重新设计调查问卷。 2. 修改《市场调查程序》一年一次市场调查改为两次。 3.《营销策划规程》增加“市场调查方案”	—	营销部	2010 年 4 月
	SP1 产品立项	1. 收集和研究政府扶持企业创新等政策 2. 研究品牌战略，向高层提交研究成果	新招聘两个员工	设计部	2010 年 10 月

续表

改进的过程		改进措施	资源需求	责任部门	完成时间
管理体系和过程有效性的改进	略				
	略				
	略				
产品改进	COP1 市场调查	明年市场调查重点在产品功能和性能的数据上，至少掌握顾客增加比例			
	SP1 产品立项	探讨包装可回收或循环使用的材料以及成本	委托专业包装公司研究，提出报价	设计部	2010 年 8 月
	略				
	略				
	略